何謂「量子論」？

量子論是微觀世界的物理定律！ …… 2

相對論與量子論是自然界的二大理論 …… 4

理解量子論時所需的兩個重要項目 …… 6

何謂「波粒二象性」？

第一個重要項目是「波粒二象性」 …… 8

波是什麼呢？ …… 10

光會發生「干涉」現象，應該是波 …… 12

有「光是波」無法解釋的現象 …… 14

光也有粒子所具有的性質 …… 16

結果，光的真正身分是波？還是粒子呢？ …… 18

Coffee Break：夜空的星、曬傷與光的關係 …… 20

粒子也具有波的性質

探究原子的真面目 …… 22

將電子置換成光來思考 …… 24

電子在軌域上振盪？ …… 26

電子在軌域上躍遷的機制 …… 28

何謂「狀態並存」？

第二個重要項目是「狀態並存」 …… 30

在「微觀」與「巨觀」不同的「狀態」 …… 32

關鍵的電子干涉實驗

電子也會形成干涉條紋 …… 34

電子干涉條紋所具的意義 …… 36

觀測電子的波，結果會如何呢？ …… 38

觀測通過狹縫的電子 …… 40

Coffee Break：「電子的波」是什麼樣的波？ …… 42

與詮釋相關的論爭

「上帝不玩擲骰子的遊戲！」 …… 44

「半死半生的貓」是否存在？ …… 46

量子論詮釋仍充滿謎團 …… 48

何謂不準量關係？

通過狹縫，波大幅散開 …… 50

無法同時獲知物體的位置和運動方向 …… 52

能量與時間的不準量關係

量子論構築新的真空面貌 …… 54

簡直像精靈？電子穿越障壁！ …… 56

放射線從原子核射出的穿隧效應 …… 58

太陽因穿隧效應而大放光芒 …… 60

量子論的應用

若沒有量子論，就沒有電腦 …… 62

量子論闡明週期表的意義 …… 64

量子論闡明原子鍵結機制 …… 66

量子論闡明半導體性質 …… 68

Coffee Break：未來已經決定了嗎？ …… 70

量子論的未來

量子論可揭露宇宙誕生之謎？ …… 72

量子論尚無法處理重力 …… 74

可望實現的「量子電腦」 …… 76

少年伽利略

Contents

何謂「量子論」？

量子論是微觀世界的物理定律！

闡明原子、光等微觀物質的行為

很早以前人類就知道，一切物質都是由「原子」所組成。到了19世紀末葉，詳細地調查關於原子的種種現象之後，發現了微觀的世界和我們日常生活中所看到世界迥然不同。微觀物質會表現出無法以我們的常識加以說明的神奇行為。

因此，我們需要一個新理論，這就是量子論（quantum theory，也稱量子力學）。所謂的量子論，可以說是

實際感受一下原子的微小吧！

左邊二個的大小比率與右邊二個的大小比率大致相等。

「闡明在非常小的微觀世界中，構成物質的粒子和光等等會做出什麼行為的理論」。

不過，不用量子論就無法說明的微觀世界，可以說是在大約原子及分子的尺度，亦即1000萬分之１毫米以下的世界。地球與彈珠的大小比例，與棒球和其表面之原子的大小比例是相當的。從這樣的比喻，各位應該可以明白原子有多小了吧！

實際感受一下原子核的微小吧！

彈珠 → 相當於原子核

包括觀眾席的東京巨蛋建築物整體 → 相當於原子（電子軌域）

註：這裡用於比較的不是高度而是建築物的橫向寬度

何謂「量子論」？

相對論與量子論是自然界的二大理論

相對論是「舞台」的理論
量子論是「演員」的理論

量子論與大名鼎鼎的「相對論」（theory of relativity）並稱現代物理學的兩大支柱。量子論和相對論都是在19世紀末期至20世紀初期完成，徹底顛覆了以往的常識。

相對論是出生於德國的天才物理學家愛因斯坦（Albert Einstein，1879～1955）建構，與時間和空間相關的理論，闡明了時間的進程會變慢、空間會扭曲等現象（**1**）。或許難

1 相對論的意象圖

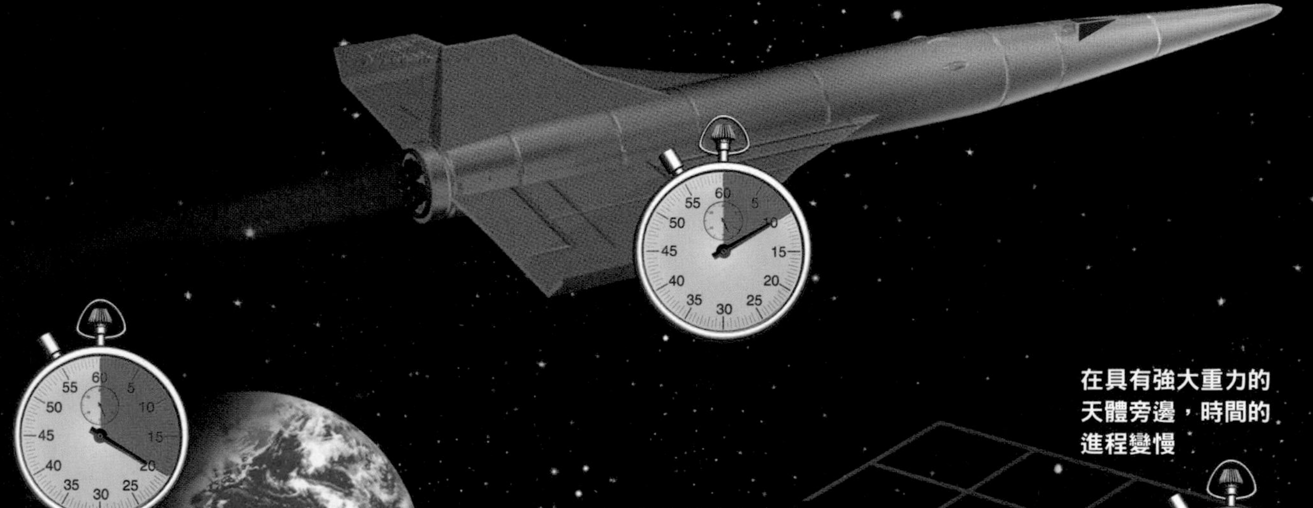

以置信，但這些現象已經被許多實驗證明了它們的正確性。

另一方面，量子論則是說明電子及光子等之行為的理論（**2**）。亦即，我們可以說，相對論是關於時間與空間這個「自然界的舞台」的理論，量子論則是與站在這個舞台上之電子等「自然界的演員」相關的理論。

在本書中，會聚焦於電子、原子核及光來進行說明。原因在於這些粒子是「自然界的主角」。

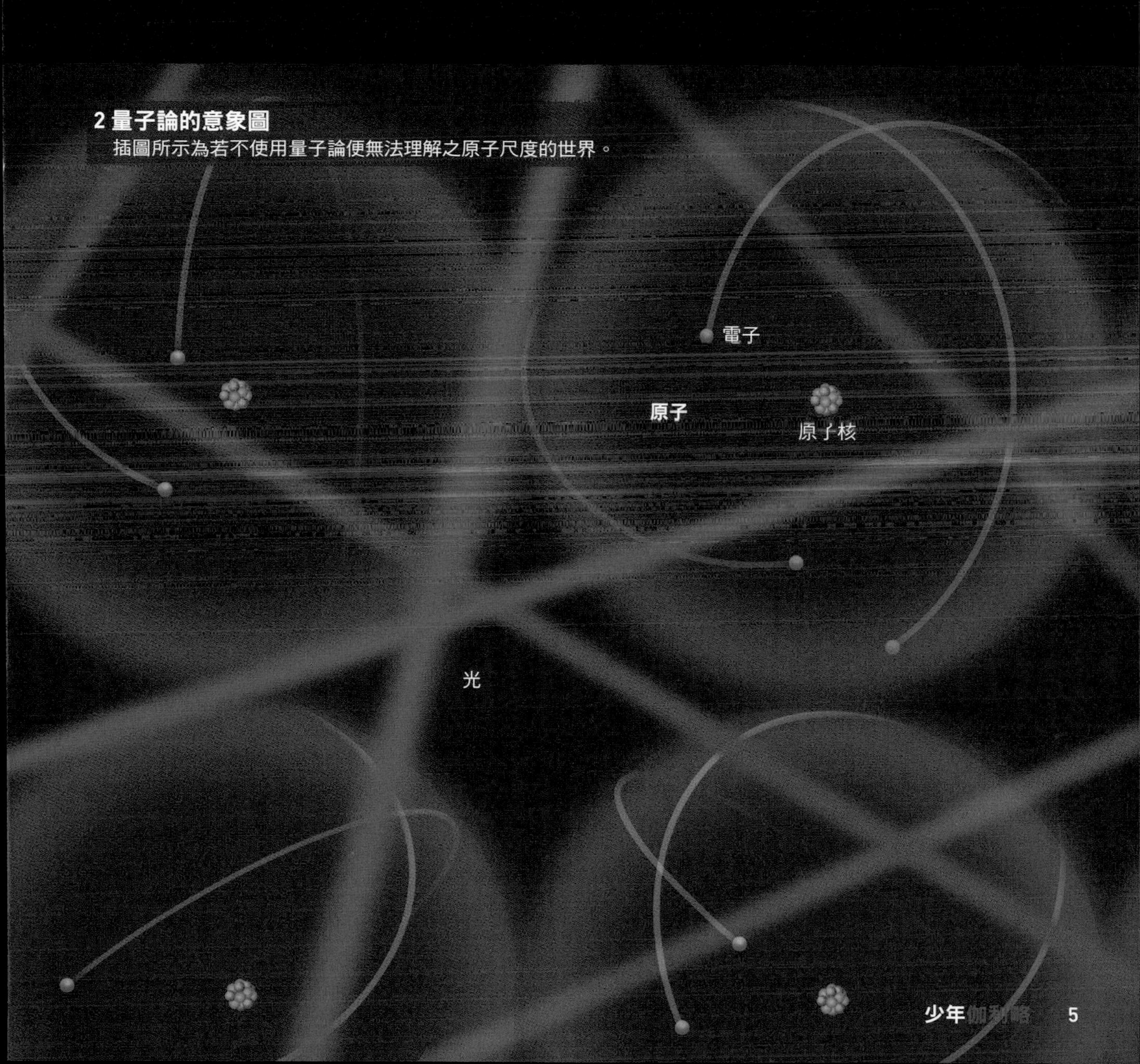

2 量子論的意象圖

插圖所示為若不使用量子論便無法理解之原子尺度的世界。

何謂「量子論」？

理解量子論時所需的兩個重要項目

「波粒二象性」與「狀態並存」

在量子論所處理的微觀世界中，物質的行為和我們的常識截然不同。在此，讓我們先介紹理解量子論時所需要的兩個非常重要的項目。

第一個重要項目是在量子論所說的微觀世界中，光以及電子等物體，就像一面為白、一面為黑之黑白棋的棋子一般，同時具有「波的性質」和「粒子的性質」。這在量子論中，稱之為「波與粒子的二象性（波粒二象

性）」(**1**)。

第二個重要項目是在微觀世界中，一個物體能夠同時採取多種狀態。在量子論中，此稱為「狀態的並存（疊合）」(**2**)。

這兩個重要項目是已經藉由實驗確認的事實。若要理解量子論，就必須接受在微觀世界中會發生這類令人難以置信的現象。

從下一頁開始，讓我們詳細來探討這些現象吧！

2 在微觀世界中，一個物體可以同時採取多種狀態

虛擬小箱中的電子

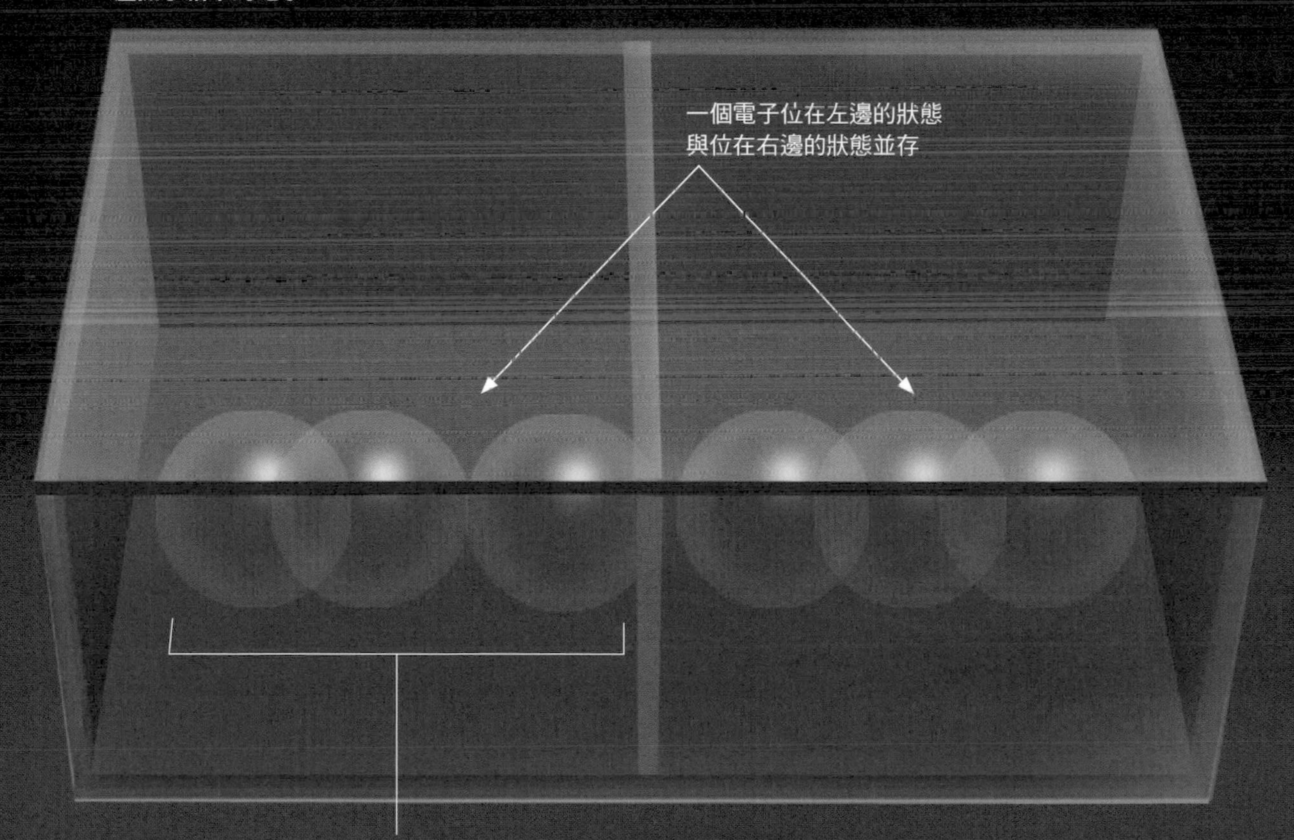

何謂「波粒二象性」？

第一個重要項目是「波粒二象性」

電子和光同時具有波與粒子的性質！

首先，介紹的是理解量子論之關鍵，也就是兩個重要項目的第一個「波粒二象性」（wave-particle duality）。

所謂波粒二象性是指「電子等微觀物質及光，同時具有波的性質和粒子的性質」。這是量子論的基本原理。

所謂的波，可以說是指「在某個場所的某個振動，向周圍一面散開、一面行進的現象」（**1**）。波即使遇到障

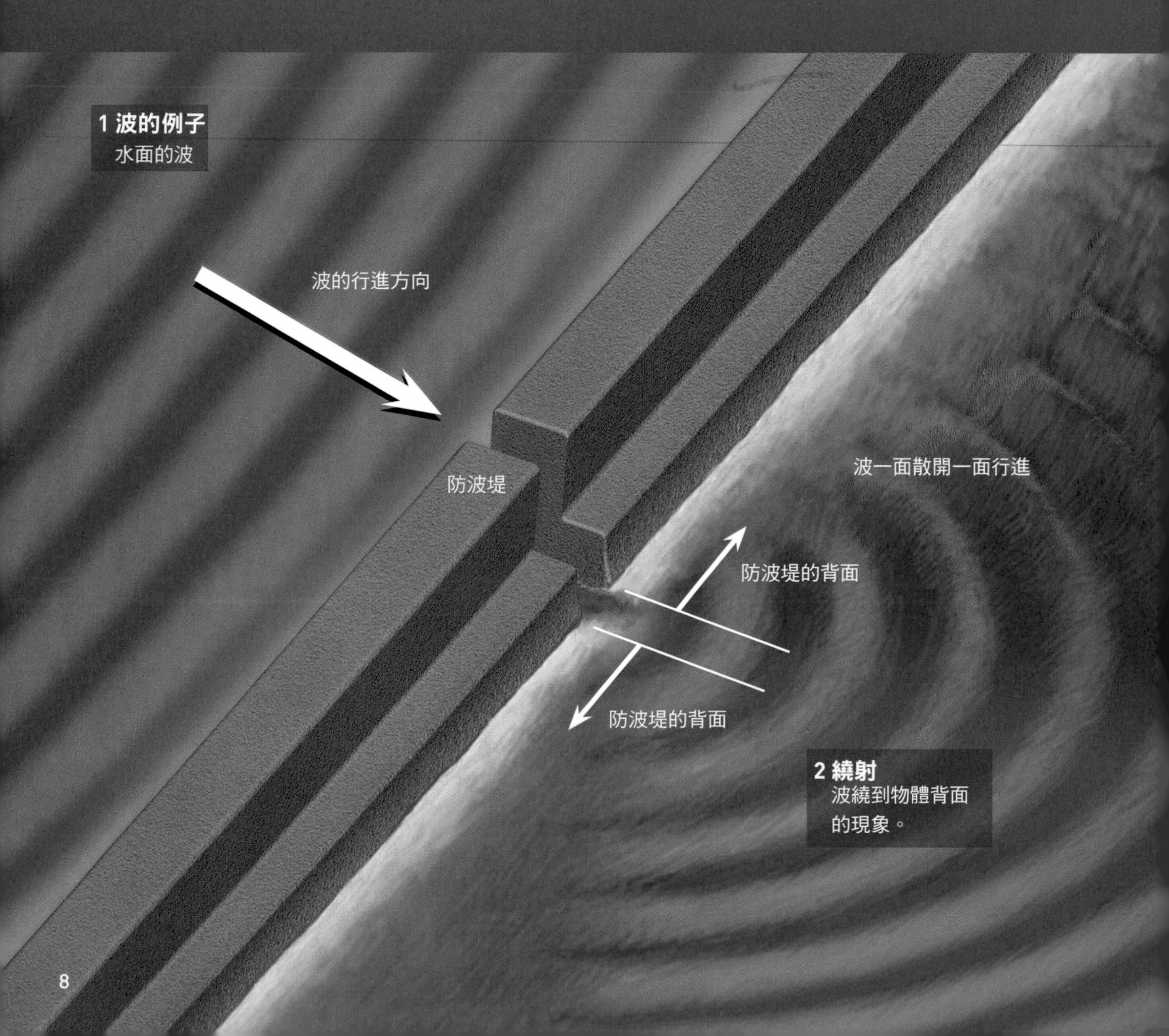

1 波的例子
水面的波

2 繞射
波繞到物體背面的現象。

礙物，也會轉彎前進，繞到它的背後，這種現象稱為「繞射」（**2**）。

那麼，粒子又是怎麼回事呢？所謂的粒子，就好像是把一顆撞球縮小的模樣（**3**）。球（粒子）在某個瞬間會存在於特定的一點。

針對上面（**1**）～（**3**）的說明來思考，波和粒子是不相同的實體，同時兼具兩種的性質根本是違反常識，這一點使得量子論變得不容易理解。我們必須知道，有些事物對我們來說不合常理，但是在微觀世界中卻變成常識。

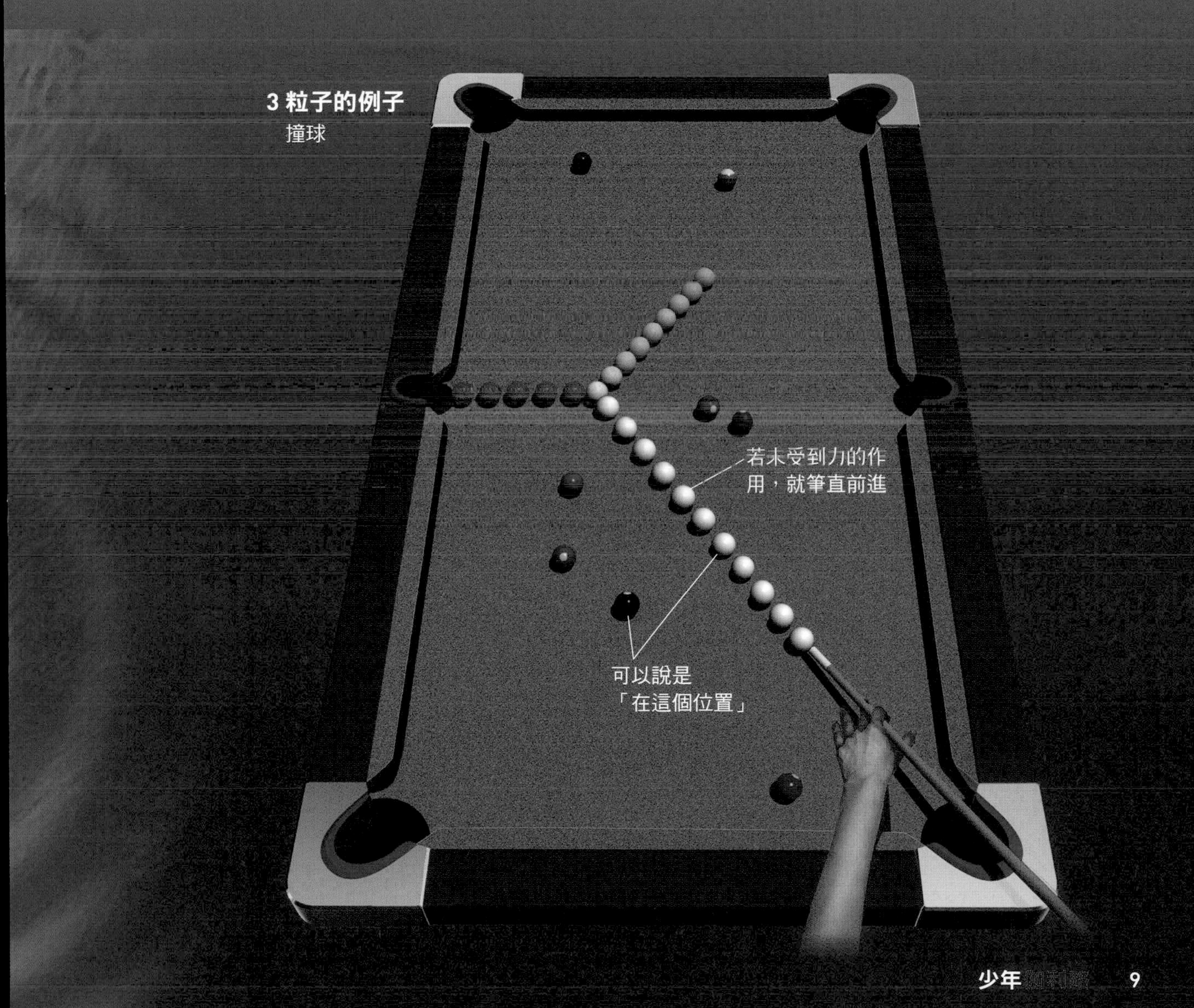

3 粒子的例子
撞球

何謂「波粒二象性」？

波是什麼呢？

或是加強、或是抵消的波

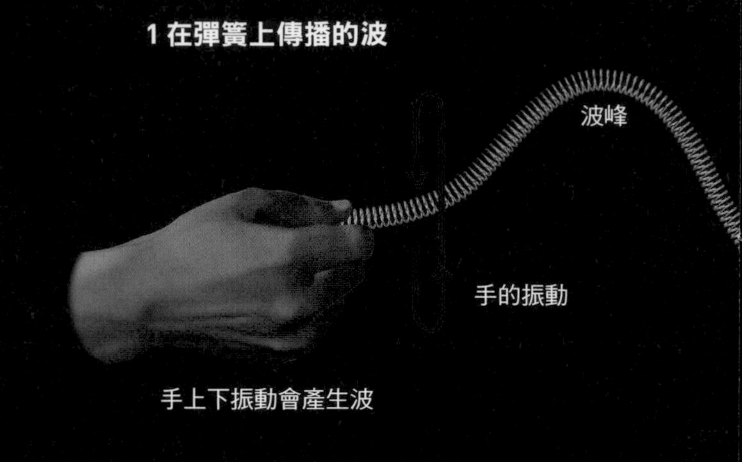

波的性質指的是什麼呢？讓我們來思考一下它的特徵吧！

抓著一條長彈簧的尾端上下振動，會在彈簧上造成波谷和波峰而沿著彈簧前進（**1**）。彈簧的各個部分並不會隨著波而前進，而是和製造波的手一樣在原處上下振動。

接著，我們來想像一下，從彈簧的左右兩端各傳來一個波在中間相遇的情況吧！如果是波峰和波峰相遇，則在兩個波完全疊合的瞬間，波會加強而成為2倍高的波（**2**）。另一方面，如果是波峰和波谷相遇，則在兩個波完全疊合的瞬間，波會減弱到使彈簧變成平坦（**3**）。但是無論哪一種狀況，當兩個波錯身而過之後，又會回復原來的樣貌。像這樣，兩個波加強或減弱的現象，稱為「波的干涉」。

波的性質也適用於在空氣中傳播的聲音（聲波）。所謂的聲波，就是這種空氣分子的疏密分布往前傳送的現象。

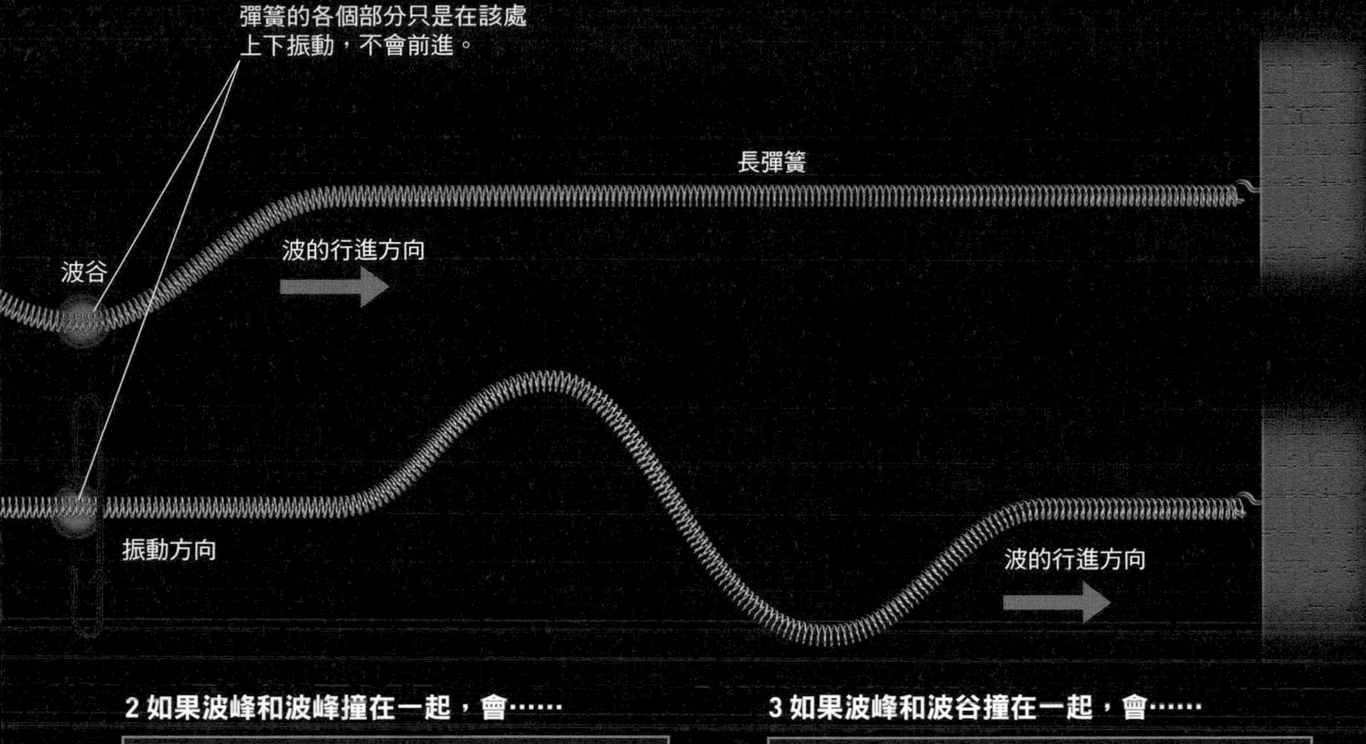

2 如果波峰和波峰撞在一起，會……

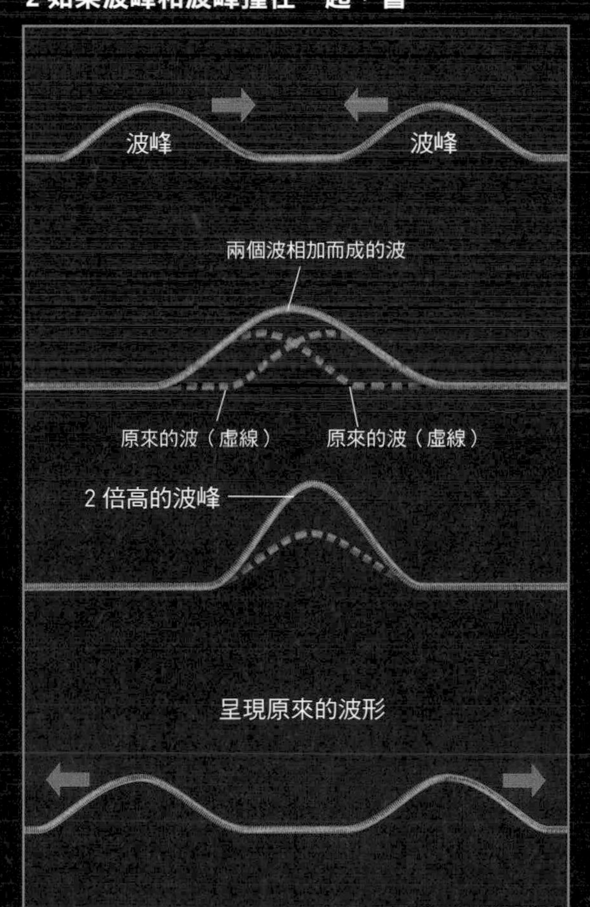

3 如果波峰和波谷撞在一起，會……

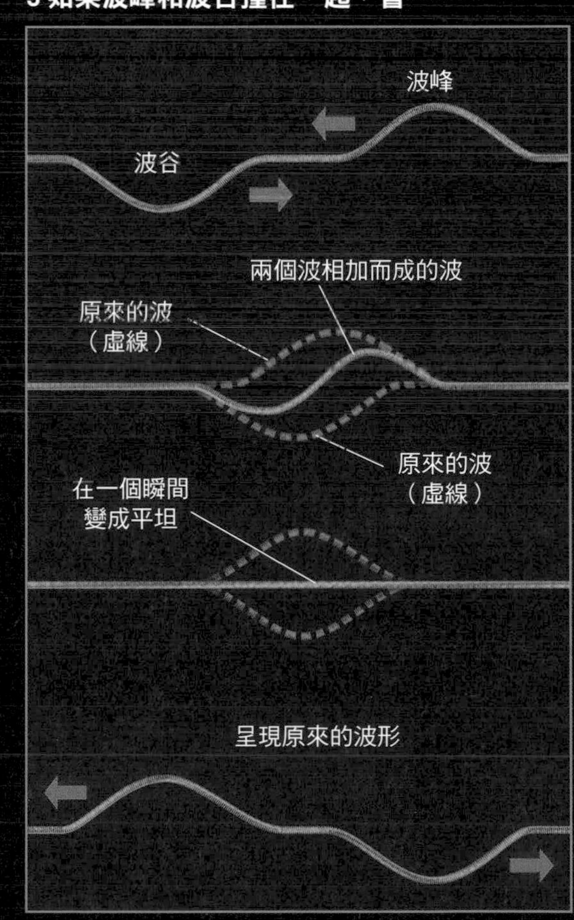

何謂「波粒二象性」？

光會發生「干涉」現象，應該是波

光的波在屏幕上形成干涉條紋

在量子論提出之前的19世紀，英國科學家楊格（Thomas Young，1773～1829）藉由在1807年所進行的「光的干涉」實驗，使得「光是波」這個觀點（光的波動說）成為當時的科學界的常識。所謂的干涉，是指兩個以上的波疊合時會加強或減弱的獨特性質。

楊格在光源前方設置一片開有一道狹縫的板子，其後再設置一片開有兩

1 使用「雙狹縫」進行的光干涉實驗

雙狹縫為A狹縫和B狹縫。

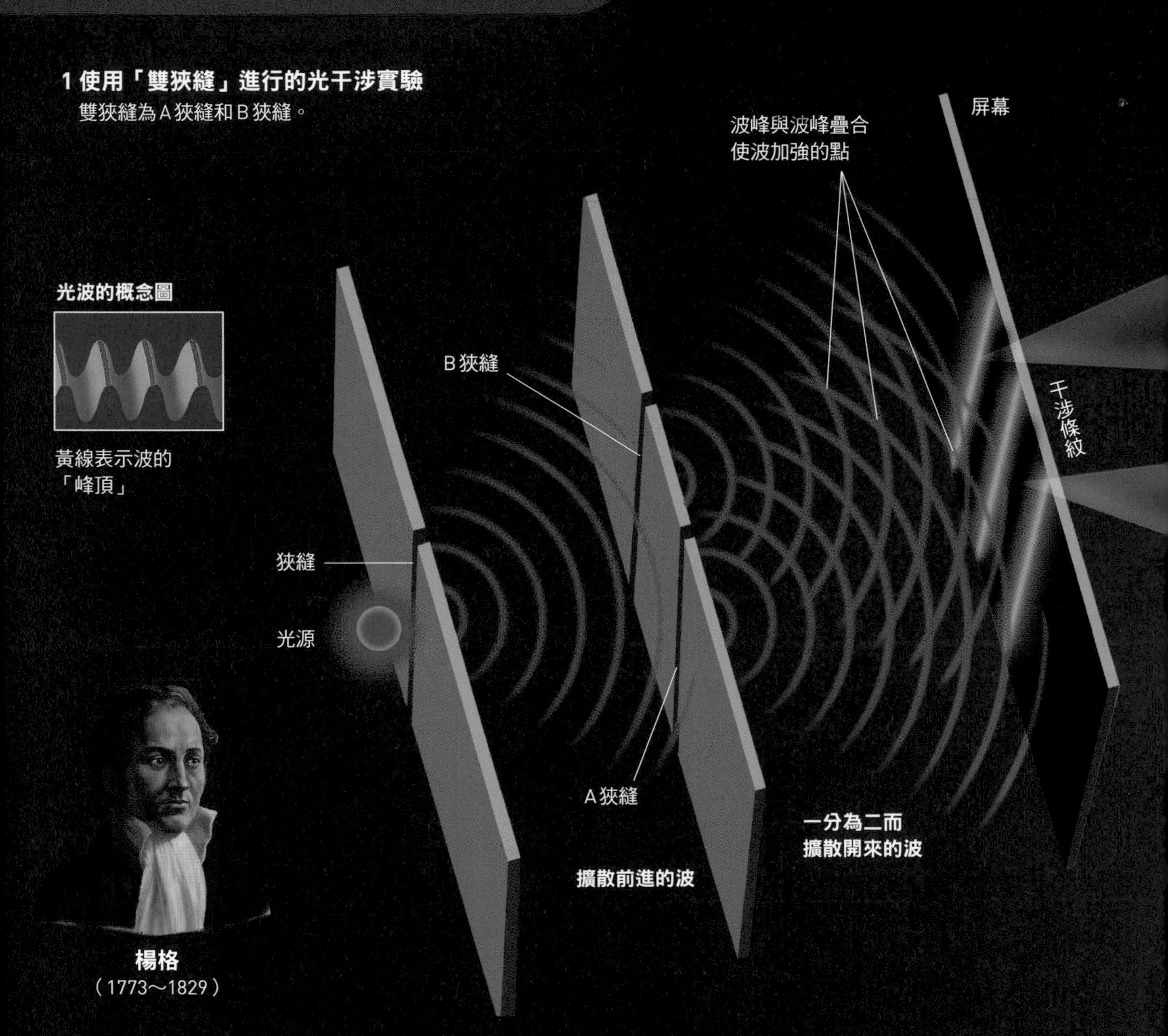

道狹縫的板子（雙狹縫），最後再設置一道能顯映亮光的感光屏幕（1）。如果光是波，則在通過A狹縫後之波峰與通過B狹縫之波峰重合的點，波會加強，光會變亮（2）。另一方面，在波峰與波谷疊合的點，波會減弱，光會變暗（3）。於是，屏幕上會顯現獨特的明暗條紋圖案（干涉條紋）。楊格實際施行了這個實驗，得到這樣的結果。

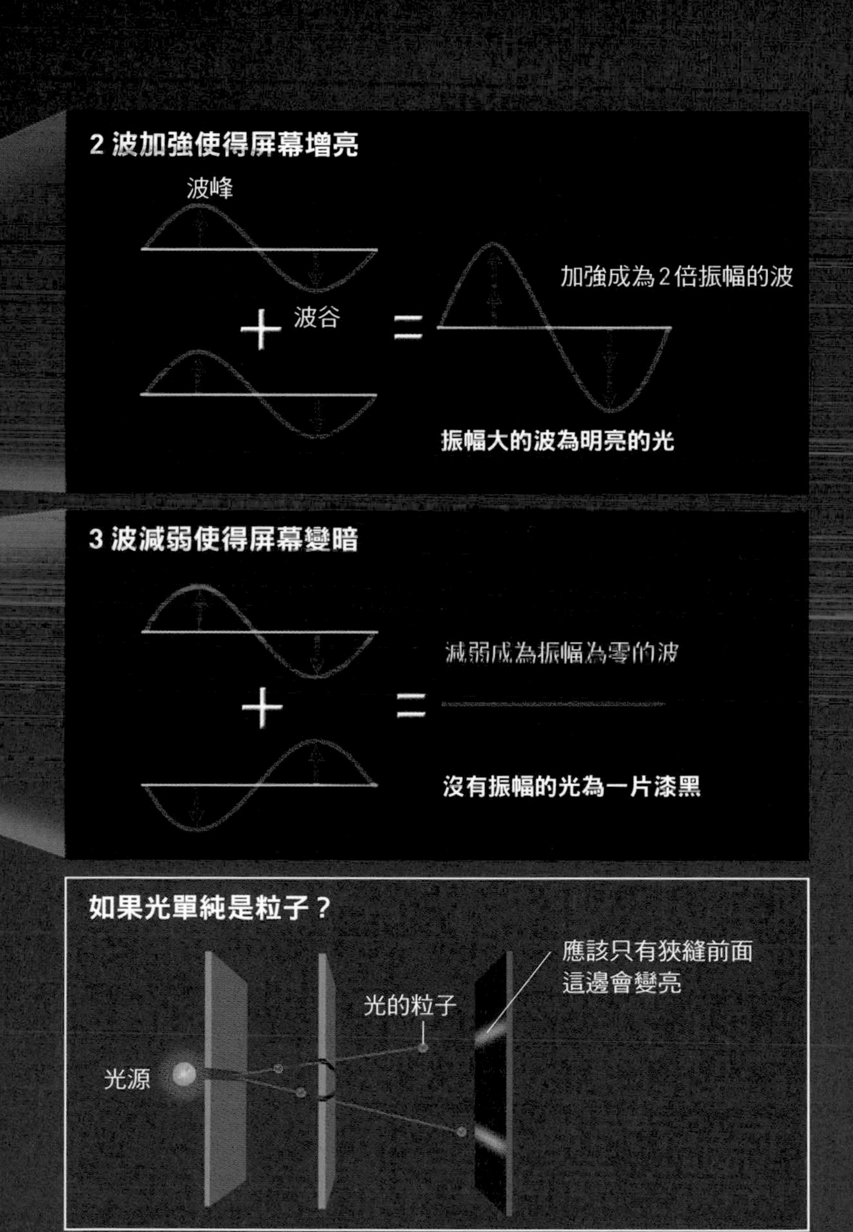

有「光是波」無法解釋的現象

愛因斯坦的光量子假說

長波長的光

德國的物理學家普朗克（Max Karl Planck，1858～1947）在19世紀末，根據熔礦爐發出之光的分析結果，推測高溫物體所發出的光能量值是離散式（不連續）的。

另一方面，愛因斯坦在1905年發表光的能量具有無法再分割的最小團塊的假說，該團塊稱為「光子」（光量子）。

愛因斯坦嘗試將「光是不連續之光子的集合體」的想法，運用到19世紀末發現的「光電效應」（photoelectric effect）現象上。

所謂的光電效應是「把光照射金屬，金屬中的電子會從光獲得能量而飛出金屬外面」的現象（右邊插圖）。事實上，如果把光當成是單純的波，又很難說明光電效應的部分。

下一頁將會深入探討這個謎題。

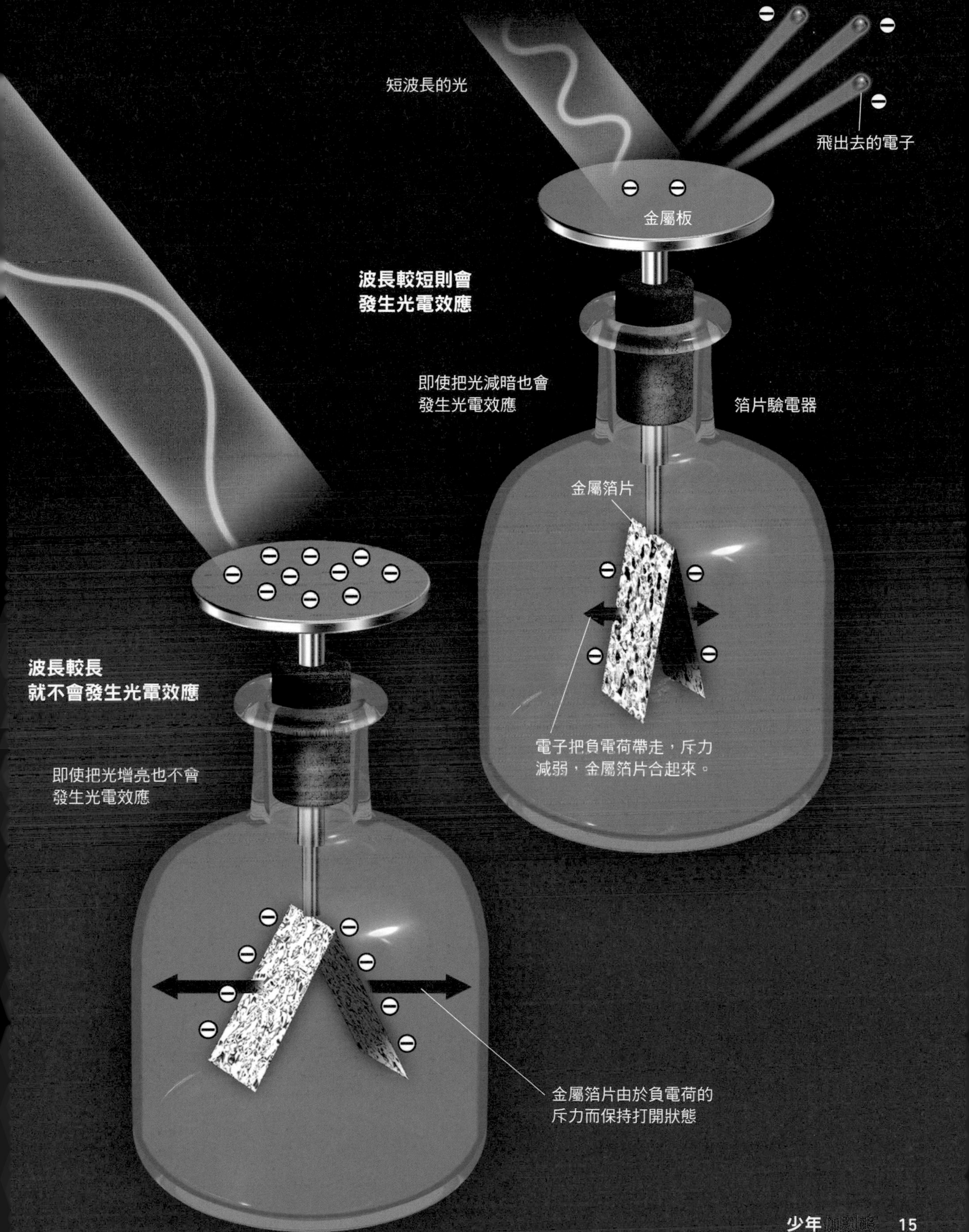

短波長的光

飛出去的電子

金屬板

波長較短則會
發生光電效應

即使把光減暗也會
發生光電效應

箔片驗電器

金屬箔片

電子把負電荷帶走，斥力
減弱，金屬箔片合起來。

波長較長
就不會發生光電效應

即使把光增亮也不會
發生光電效應

金屬箔片由於負電荷的
斥力而保持打開狀態

何謂「波粒二象性」？

光也有粒子所具有的性質

從光電效應實驗，愛因斯坦得出結論

如果把光當成波來思考，則應該是弱光（比較暗的光）的振幅小，強光（比較亮的光）的振幅大。同樣的道理，假設在某個條件下，導致發生光電效應，如果把射入的光調暗（把振幅縮小），則電子將無法繼續獲得足夠的能量，應該會變成無法發生光電效應才對。另一方面，如果把光調亮（把振幅加大），電子獲得的能量就會增加，應該會引發光電效

1 利用光子思考短波長的光引發的光電效應

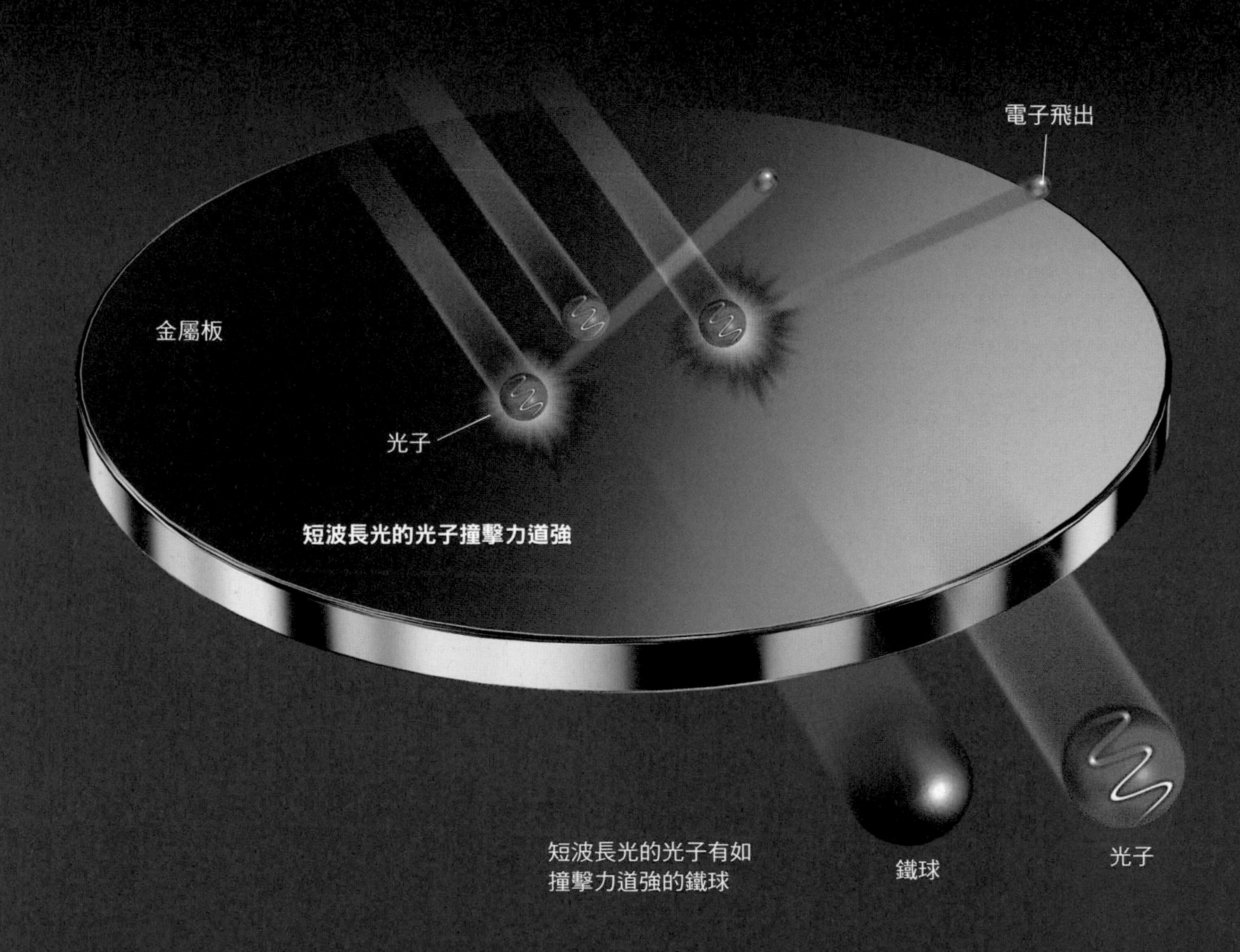

應才對。

但是，誠如前頁所見到的，以上的預測並不符合實驗的結果。

如果把光當成光子的集合體來思考，就能解答這個謎題了。光的波長越短，則光子的能量越高，撞擊的力道越強。依照這個想法，光的明暗對應於光子的數量。短波長的光，光子的能量比較大，撞擊的力道比較強，所以即使數量比較少（比較暗），也能激使金屬板中的電子飛出來（1）。另一方面，長波長的光，各個光子的能量原本就很小，所以即使增加數量（調亮），其撞擊力道也不足以激使電子飛出來，因此不會發生光電效應（2）。

2 利用光子思考長波長的光引發的光電效應

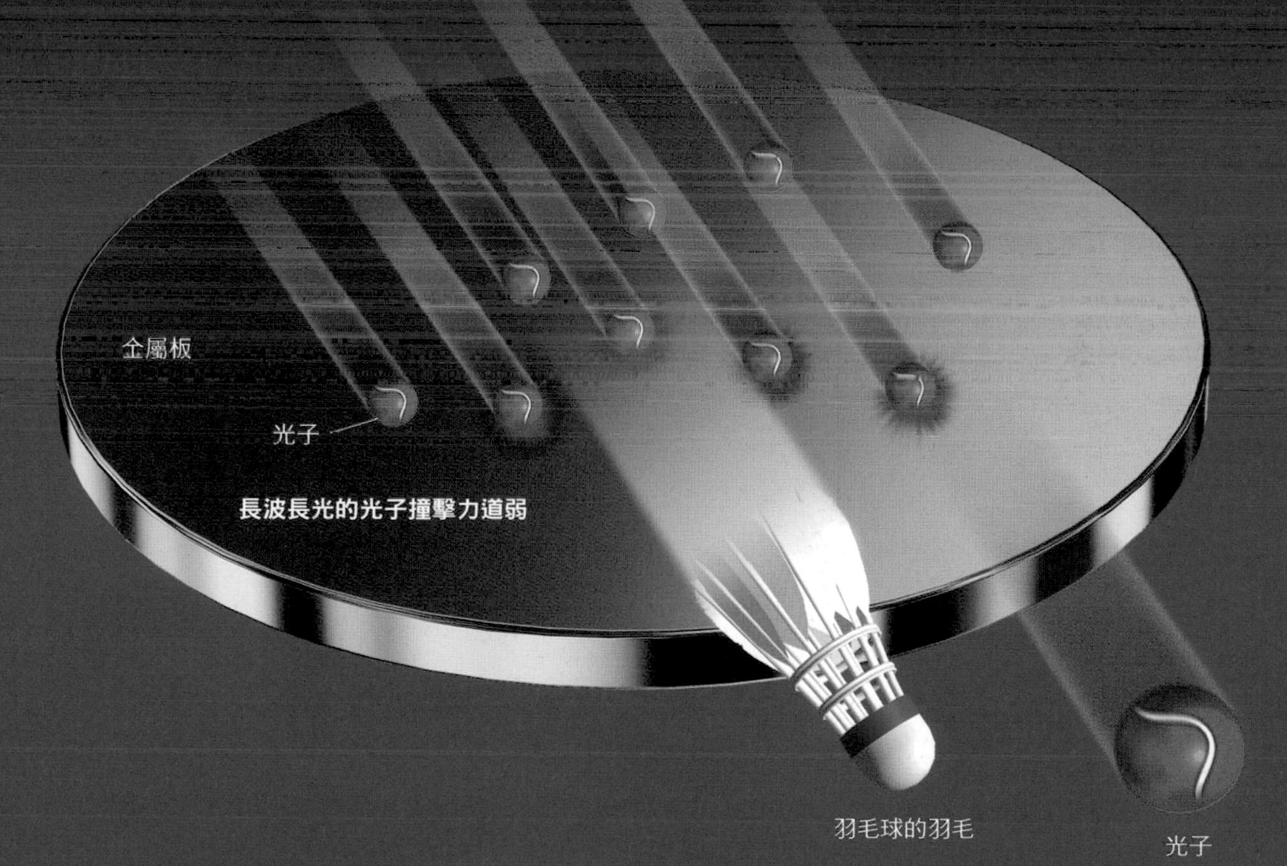

長波長光的光子有如
撞擊力道弱之羽毛球的羽毛

何謂「波粒二象性」？

結果，光的真正身分是波？還是粒子呢？

光既有波的性質，也有粒子的性質！

結果，光的真面目究竟是波？還是粒子呢？答案是「光擁有波一般的性質，同時也具有像粒子般的性質」（光的「波粒二象性」）。

但是，波會在空間中擴散，一般我們無法指著空間中的某一點說：「波在這裡」。另一方面，粒子不會擴散，它只存在於空間中的某 1 點。如果想到這一些，也許就會認為光既像波又像粒子這樣的想法實在矛盾。

身為波的光和身為粒子的光

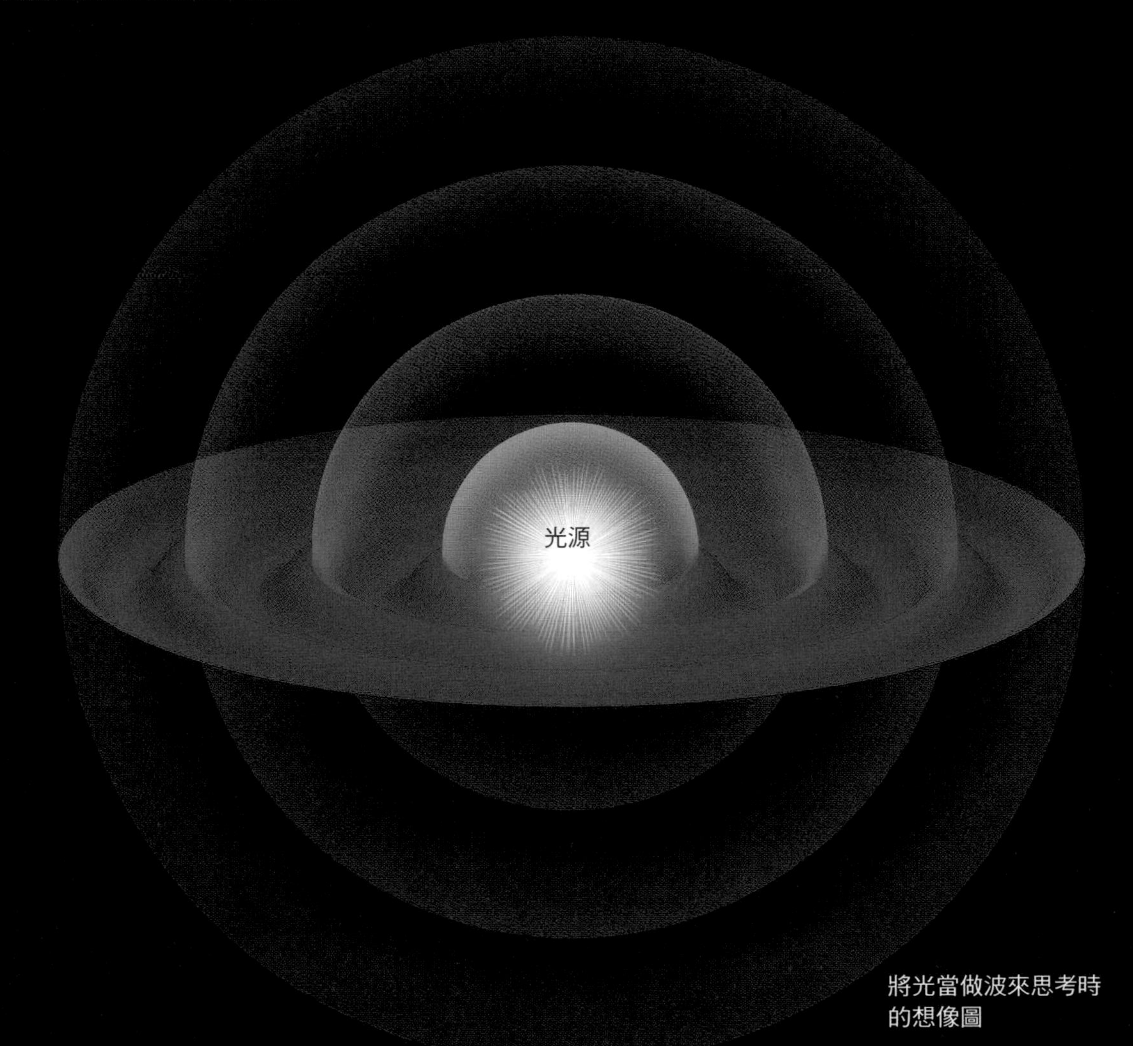

將光當做波來思考時的想像圖

事實上，在愛因斯坦發表光量子假說時，認為「光是波」的當代物理學家幾乎都無法立即支持該假說。據說，連愛因斯坦本人終生都被光的這種神奇性質所困擾。

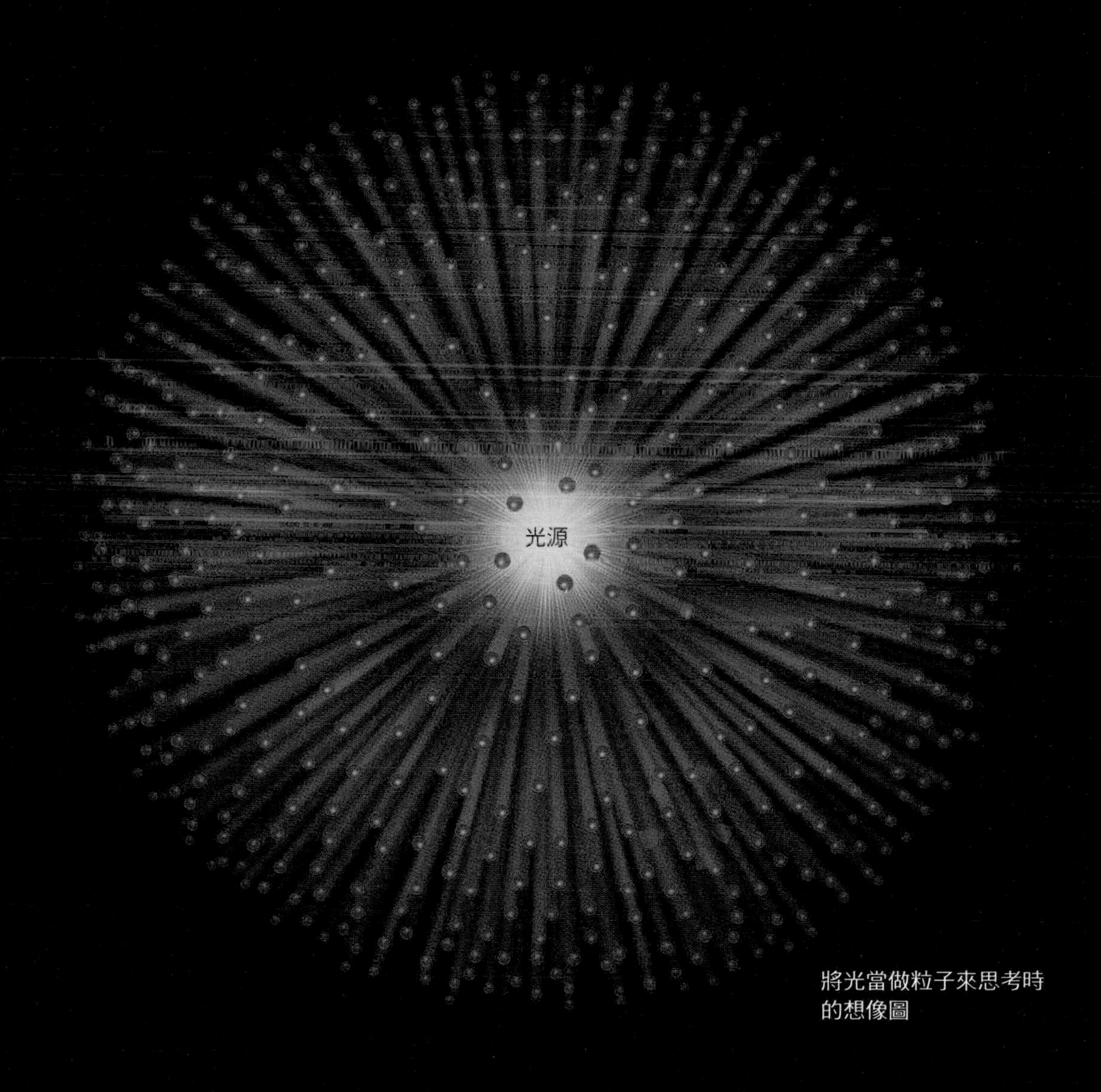

將光當做粒子來思考時的想像圖

Column

Coffee Break

夜空的星、曬傷與光的關係

下面介紹二個光若非具有粒子的性質就無法圓滿說明的例子。

首先要介紹的就是在夜空中閃爍的星。我們抬頭就能看見夜空中的星，這也是若非光子就無法說明的現象。

我們要能看得到星星，必須是視細胞接收到來自恆星的光才行。如果光單純是波，那麼視細胞所能接收到的光能量非常微弱，必須要很長的時

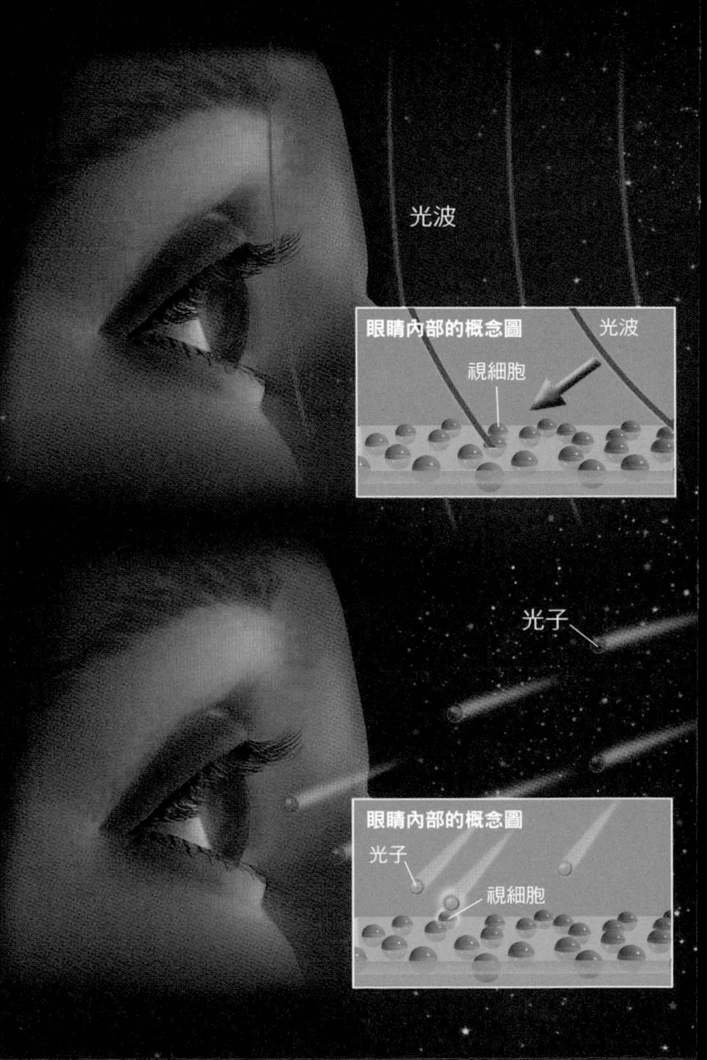

如果光是在空間均勻散布的波，應該無法馬上看得到星星

如果當成粒子來思考，即使馬上看得到星星也不覺得奇怪

間，才能累積足夠的能量使視細胞分子可以看見。然而，事實上我們抬頭即可看見恆星發出的光，這是因為光具有粒子性質之故。

此外，電暖器長時間開著也不會曬傷，這也是只有利用光具有粒子性質才能說明的現象。電暖器發出的光主要是紅外線，若要造成曬傷，必須是皮膚的分子受到電磁波的照射而發生化學變化。如果是短波長的紫外線的光子，便具有足夠的能量引發這樣的反應。但是，長波長的紅外線的光子的能量並不足以引發這樣的反應。因此，電暖器烘再久也不至於造成曬傷。

星

能量少而漸漸累積

為了「看得到」所需要的能量

眼睛中的分子接收到的能量的模擬圖

星

能量一次集中在一個地方

為了「看得到」所需要的能量

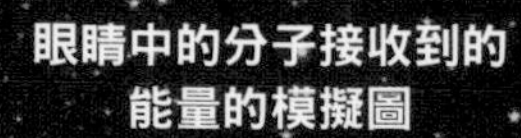

眼睛中的分子接收到的能量的模擬圖

短波長的紫外線的光子（光子的能量大）

曬傷是因紫外線的光子所引起

紅外線的光子不會造成曬傷

長波長的紅外線的光子（光子的能量小）

粒子也具有波的性質

探究原子的真面目

原子的形狀究竟是葡萄乾麵包型或者是土星型呢？

19世紀末，科學家經由實驗發現了電子的存在。而在發現電子之後，科學家不知道電子是以什麼樣的狀態和配置存在於原子之中，這成為一大難題。原子不帶電，所以如果原子裡有帶著負電荷的電子存在，則原子裡勢必也要有帶著同等的正電荷的某種東西存在才行。於是有科學家構思了一個原子模型，主張原子的形狀好像葡萄乾麵包一樣，帶正電荷的

1 葡萄麵包型的原子模型

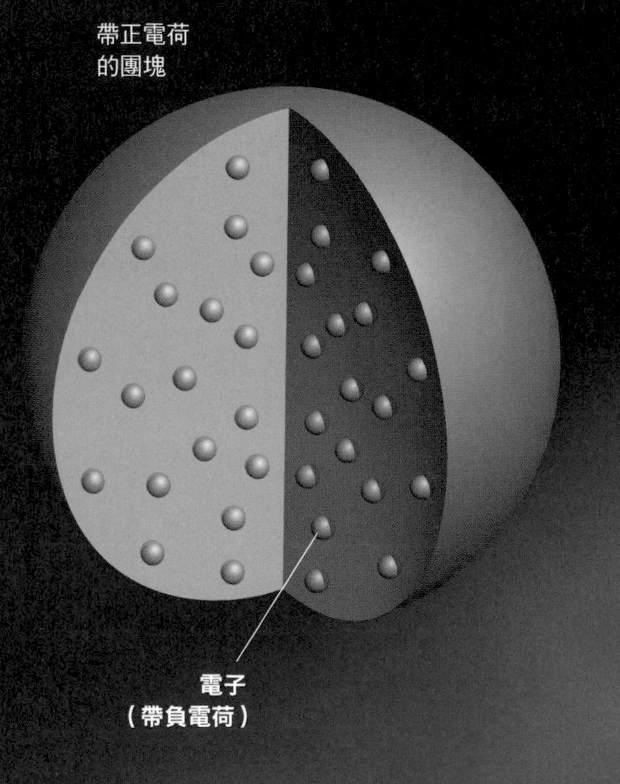

2 土星型的原子模型

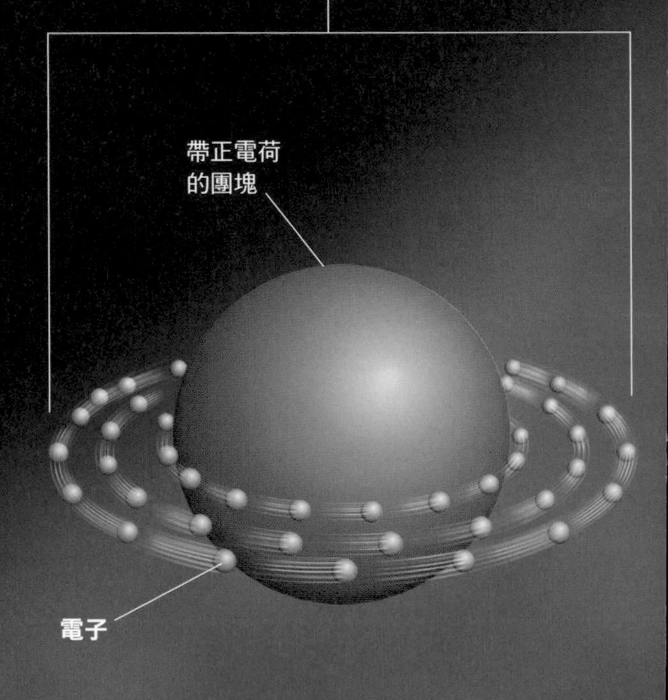

麵團把葡萄乾（帶負電荷的電子）包在裡頭，讓電子在麵團裡頭運動（**1**）。

還有一種原子模型認為原子的形狀好像土星及土星環一樣，帶負電荷的電子在帶正電荷的球周圍繞轉（**2**）。但是根據當時已經完成的電磁學指出，電子在繞轉的過程中會發出光，因此電子所具有的能量會減少。這麼一來，電子的軌道就會越來越接近原子核，也就是說，電子會沿著螺線形軌道往中心接近（**3**）。

20世紀，隨著原子核的發現，葡萄乾麵包型的原子模型遭到否定，有科學家提出類似太陽系的原子模型，主張電子在小原子核的周圍繞轉。而這個原子模型，現在我們也經常可以看到。不過，這個原子模型也面臨電子最終會與中心的原子核合併的問題，而能夠解決該問題的正是量子論。

3 持續放光而逐漸朝帶正電荷的團塊接近的電子

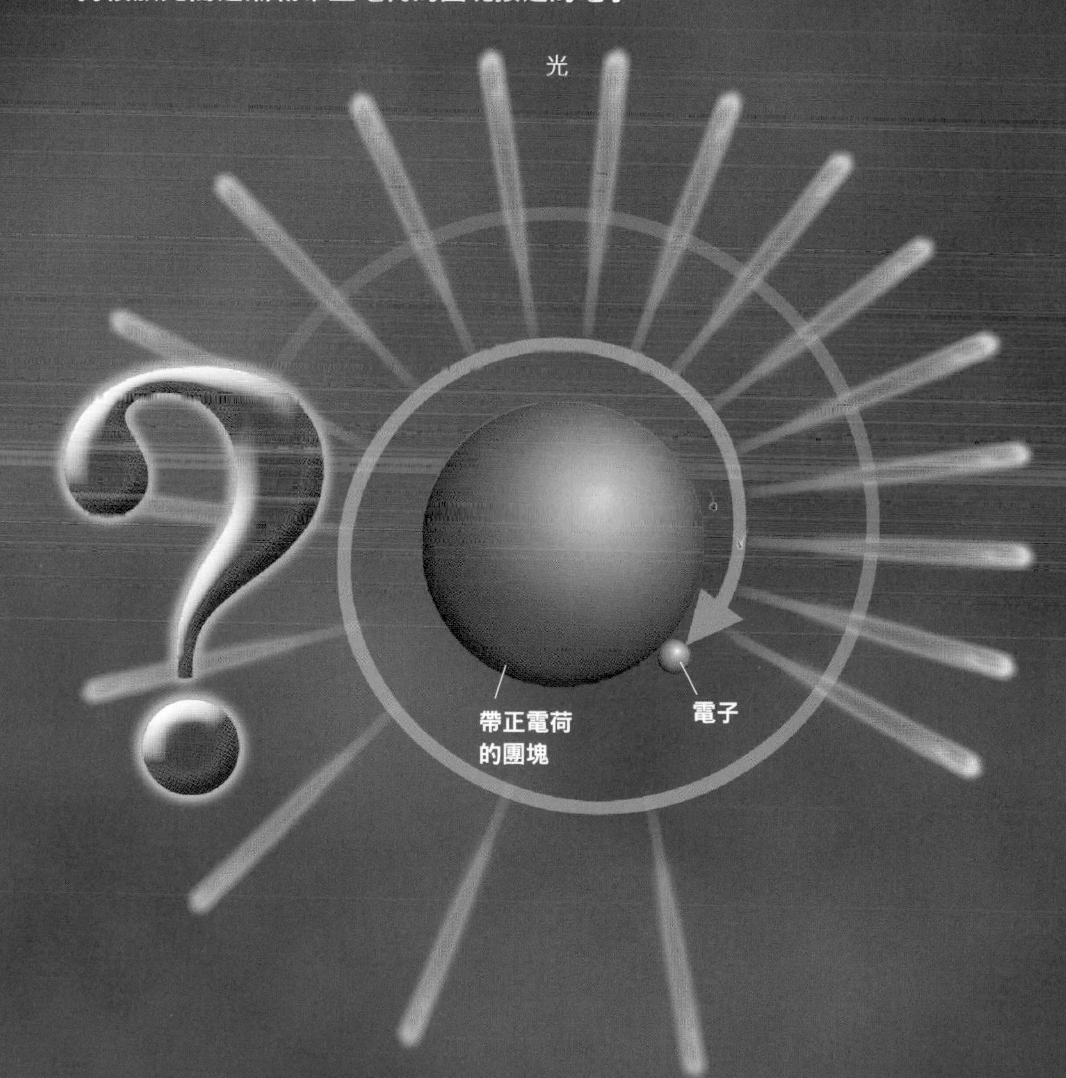

粒子也具有波的性質

將電子置換成光來思考

電子也具有「波粒二象性」

1923年，法國的物理學家德布羅意（Louis de Broglie，1892～1987）發表了一個劃時代的創見，德布羅意主張「電子等物質粒子也具有波的性質」。

這是關於電子的「波與粒子的二象性」的第一個提案，這個主張違反了當時的常識，因為當時認為電子是單純的粒子。

德布羅意受到愛因斯坦對於光子的想法所啟發。大家原本就知道光具有波的性質，後來又知道了它也具有粒子的性質。光好像一面為黑、一面為白的黑白棋的棋子（**1**）。很長一段時間，人們只知道正面的波的性質，直到愛因斯坦才發現它還有背面的粒子的性質。

德布羅意認為電子也是這樣，人們只知道電子具有正面的粒子的性質，但電子應該還具有背面的波的性質（**2**）。

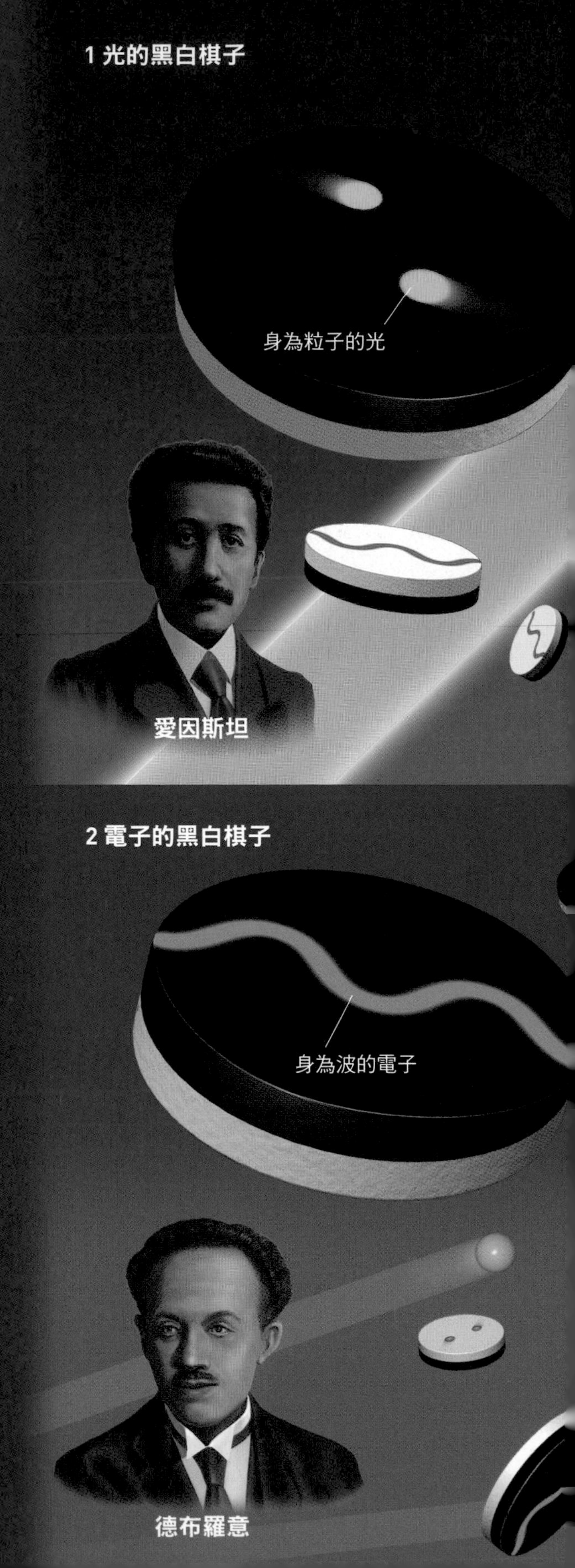

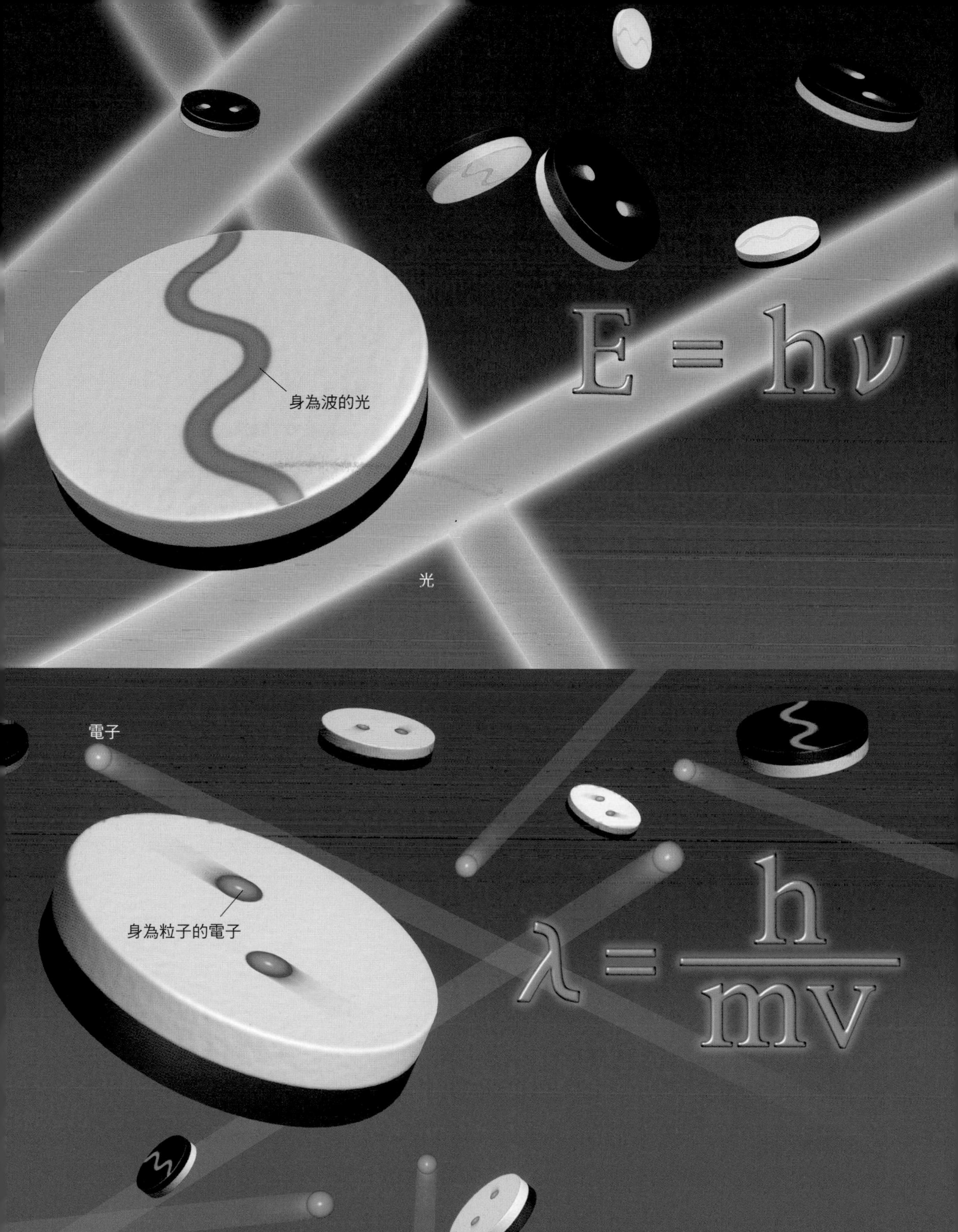

身為波的光

$$E = h\nu$$

光

電子

身為粒子的電子

$$\lambda = \frac{h}{mv}$$

粒子也具有波的性質

電子在軌域上振盪？

藉由量子論而了解原子樣貌

根據量子論思考出來的原子模型，下面讓我們以氫為例來認識一下吧！

首先，想像拉動小提琴的弦而產生聲波的情景（1）。誠如插圖所示，弦上的波形並非隨意產生。波形中，最單純的是沒有完全不振動之點（波節）的波，另外還有只有 1 個波節的波、有 2 個波節的波等波節為整數個的波。不過，無法產生波節數2.5個這類波節非整數個的波。

「量子論的氫原子模型」主張，電子是在圓形的弦（軌域）中傳播的波（2、3、4）。在原子模型中，軌域的圓周長必須恰好為波長的整數倍，電子才能以波的形式存在。也就是說，電子波能夠存在的軌域，必須是圓周長等於波長、波長的 2 倍、3 倍等等。換句話說，原子中的電子的軌域半徑數值是離散的（不連續的）。

電子如果想轉換軌域，只能在軌域間跳躍才行，不允許像第23頁所看到的，電子持續朝原子的中心接近。

1 弦樂器的波

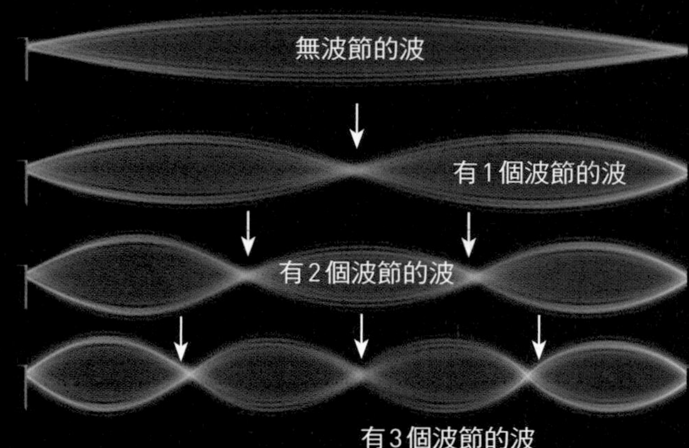

註：箭頭所指處為波節（不振動的地方）

註：波在虛線外側的部分為「波峰」，波在虛線內側的部分為「波谷」。

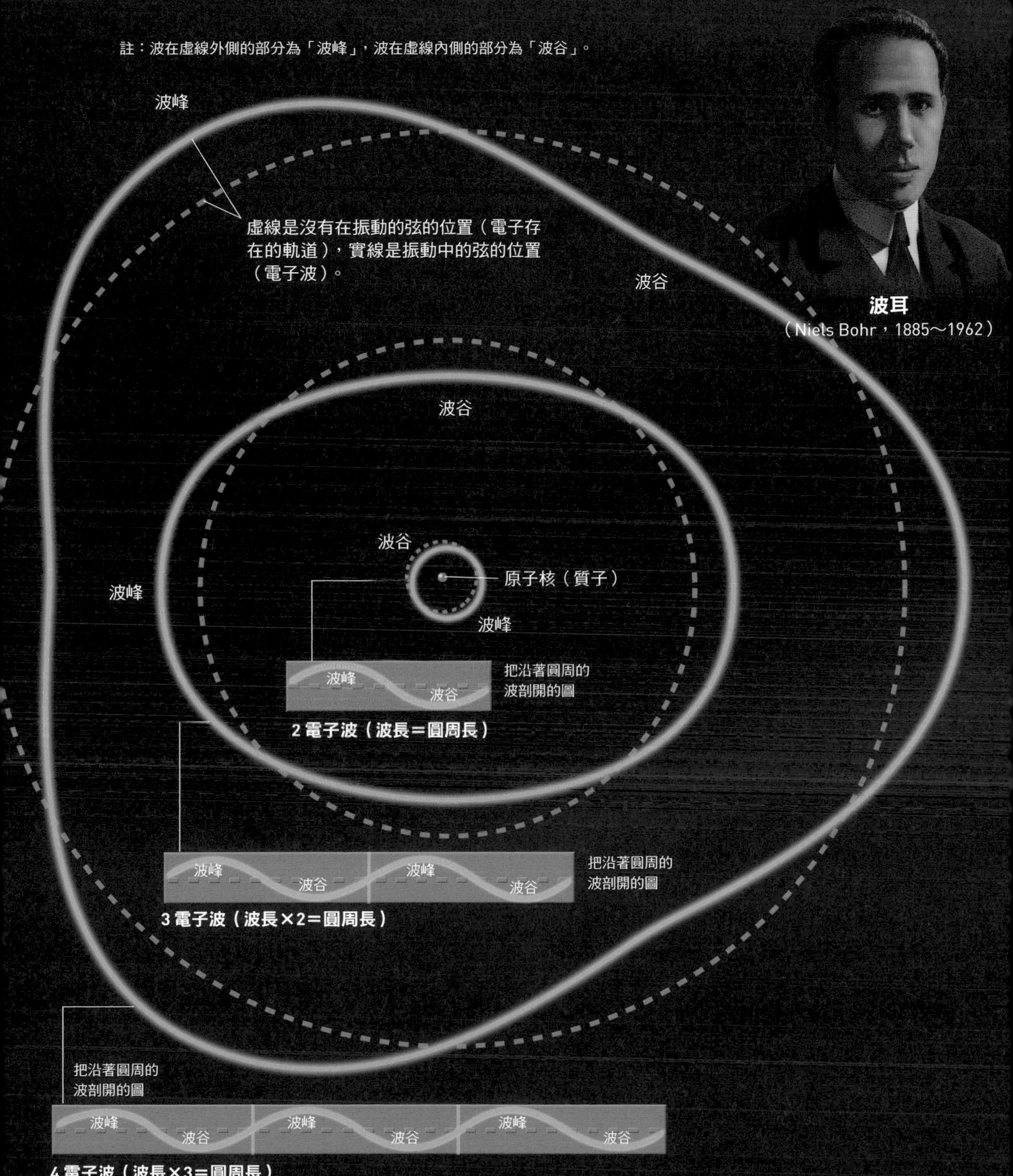

波峰

虛線是沒有在振動的弦的位置（電子存在的軌道），實線是振動中的弦的位置（電子波）。

波谷

波耳

（Niels Bohr，1885～1962）

波谷

波谷

原子核（質子）

波峰

波峰

波峰

波谷

把沿著圓周的波剖開的圖

2 電子波（波長＝圓周長）

波峰

波谷

波峰

波谷

把沿著圓周的波剖開的圖

3 電子波（波長×2＝圓周長）

把沿著圓周的波剖開的圖

波峰

波谷

波峰

波谷

波峰

波谷

4 電子波（波長×3＝圓周長）

電子在軌域上躍遷的機制

電子會放出、吸收光子而在軌道間跳躍

電子能夠存在的軌域為離散式的，利用這個模型能夠非常圓滿地說明原子放出、吸收光的現象。

讓我們將電子軌域想像為呈同心圓狀分布，電子通常待在能量最小的軌域上，這個狀態稱為「基態」（基底狀態）。處於基態的電子有時候會吸收外來的光子，然後利用這個光子的能量，跳到能量較大的上一個軌域，這個狀態稱為「受激態」。

受激態可以說是原子一時的興奮狀態，無法維持長久。不久之後，電子就會放出光子，回到基態的軌域。

由於電子的軌域是固定的，所以軌域間的能量差也是固定的。也就是說，氫原子（電子）所吸收、放出的光子的能量也是固定的。亦即，氫原子只會吸收、放出具有剛好和軌域間能量差相同的能量的光子。

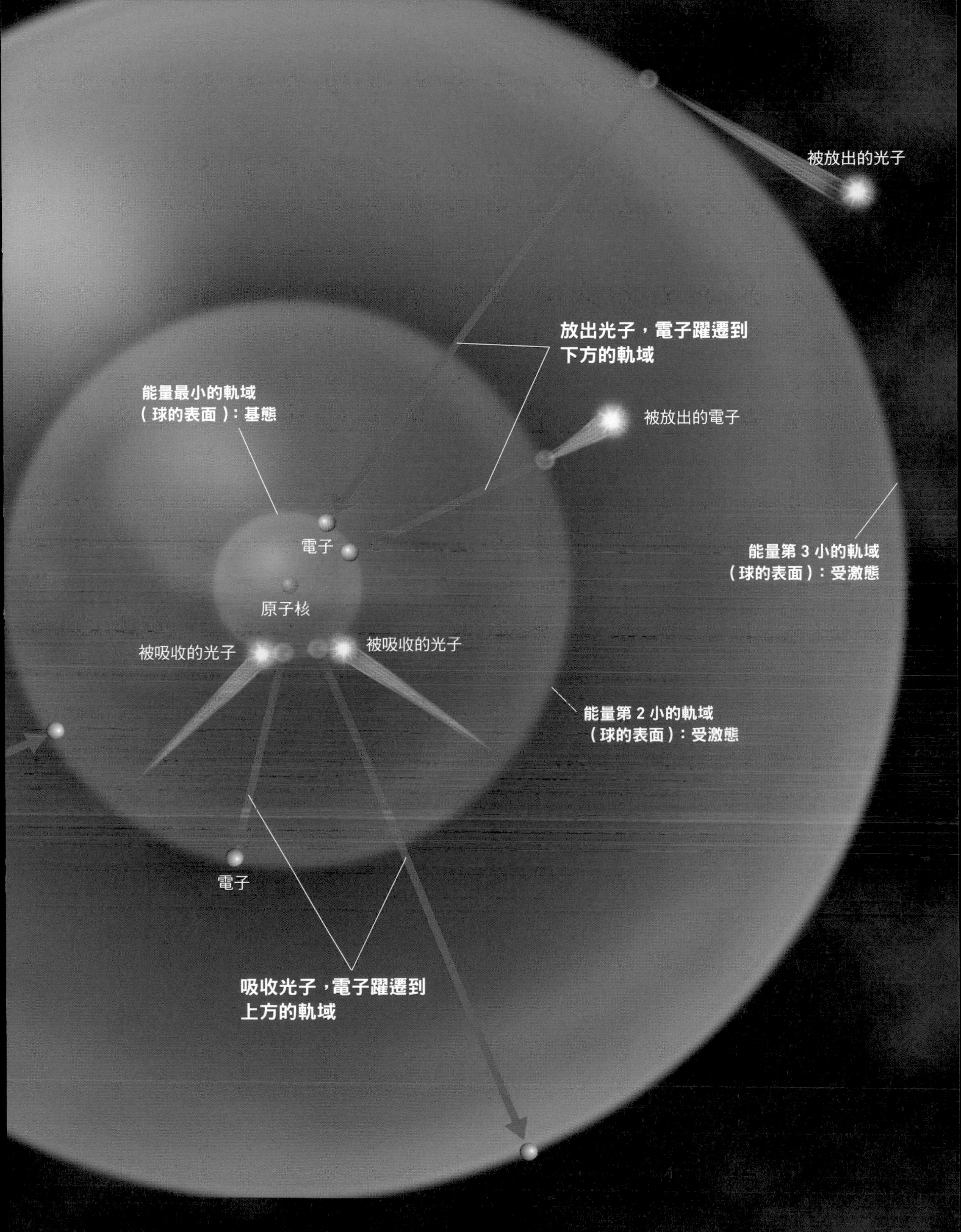

被放出的光子

放出光子，電子躍遷到
下方的軌域

能量最小的軌域
（球的表面）：基態

被放出的電子

電子

能量第 3 小的軌域
（球的表面）：受激態

原子核

被吸收的光子

被吸收的光子

能量第 2 小的軌域
（球的表面）：受激態

電子

吸收光子，電子躍遷到
上方的軌域

何謂「狀態並存」？

第二個重要項目是「狀態並存」

一個電子能夠同時存在於箱子的右側和左側

以下就來介紹「狀態並存」（疊合）這個掌握著理解量子論關鍵的第 2 個重要項目吧！

所謂狀態並存係指「電子等微觀物質和光即使僅有 1 個，也能夠同時兼有多個『狀態』」。

想像一個放入箱子裡的球（**1**）。把箱子搖一搖，然後在正中央插入一片隔板。可以想像球一定是在右側或左側的某一邊吧！

1 箱子裡的球（日常生活中的巨觀世界）

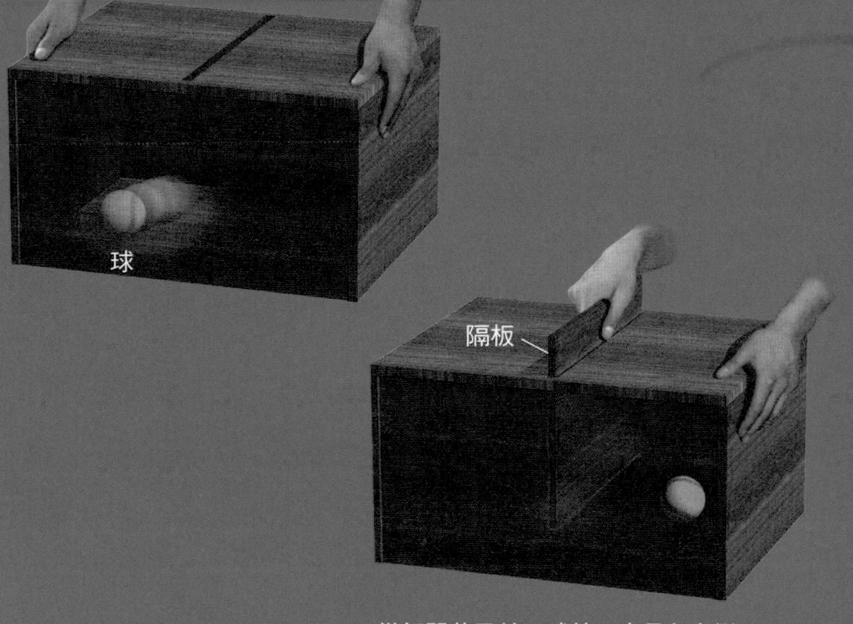

從打開蓋子前，球就一直是在右側

球在右側

接著，想像一個虛擬小箱子裡的電子（**2**）。我們無法得知電子是在箱子裡的什麼地方。把隔板插入箱子。依照常識判斷，電子應該是在左側和右側之一吧！但是根據量子論，電子同時存在於左右兩側。在微觀世界，一個物體能夠在同一時刻存在於多個場所！

不過，「同時存在」這樣的表達，並不是指電子增加為許多個，而是指在進行觀測前，電子位於右側的狀態和位於左側的狀態是並存的，直到進行觀測的當下，才會得知是哪一種狀態被觀測到。

2 虛擬小箱中的電子（必須以量子論思考的微觀世界）

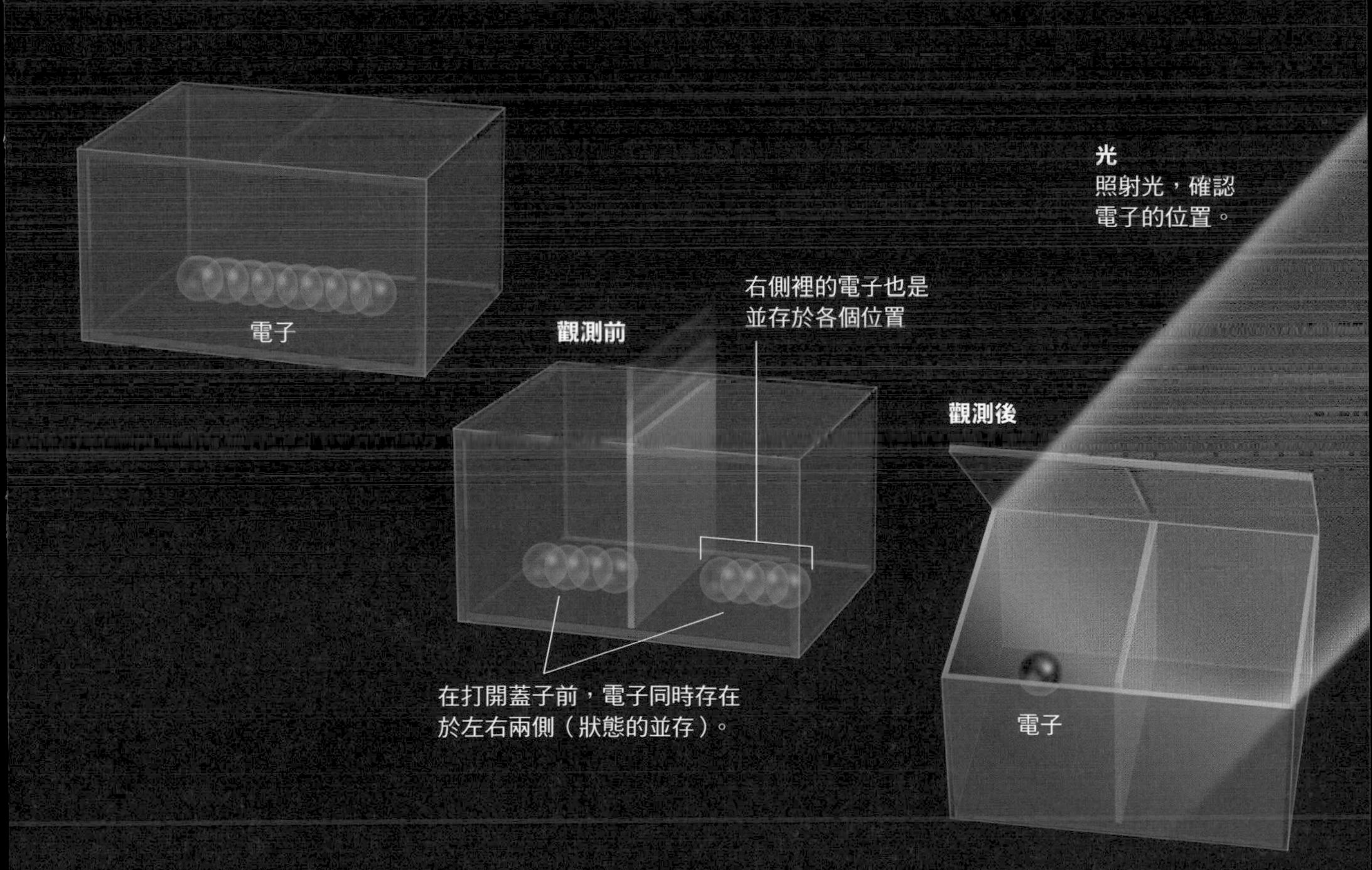

註：在本書中使用「狀態並存」的說法，而「狀態的疊合」則是另一種常見的陳述。

何謂「狀態並存」？

在「微觀」與「巨觀」不同的「狀態」

連愛因斯坦都懷疑的量子論

前頁介紹的「狀態並存」（狀態疊合），是依我們的常識很難理解的神奇現象，不過這也是沒辦法的事。**根據量子論，我們必須拋棄常識，徹底重新思考「物的存在」這件事**。

即使我們在觀測後得知箱中的電子位在左側，但並不表示「從一開始電子就位在左側」，而是「左右兩側共存的狀態」在觀測時變成「存在於左側的狀態」。也就是說，觀測本身會影響電子的狀態。

對量子論提出強烈反駁的人是愛因斯坦。愛因斯坦對主張量子論的研究者問了這麼一句話：「月球只有在你看到它的時候才存在，你真的會相信嗎？」雖然連物理學巨人也不是那麼容易接受量子論，然而**事實上這個世界上存在許許多多難以思考也無法說明的微觀現象**。

關鍵的電子干涉實驗

電子也會形成干涉條紋

明確顯現電子之波性質的干涉實驗

1 使用雙狹縫施行電子的干涉實驗

加熱的金屬線

電子鎗
把金屬線導通電流將其加熱，則電子會飛出來。電子鎗利用電壓把這些電子加速，再發射出去。

有一項讓人不得不承認電子具有波性質的實驗，這就是「電子的雙狹縫實驗」(double-slit experiment)。藉由雙狹縫實驗，確認電子也和光一樣會產生干涉條紋（**1**）。

在發射電子的「電子鎗」前方，放一塊開有兩道狹縫的板子。在板子的前方，放一片屏幕（感光板或螢光板等等），如果有電子撞上屏幕就會留下痕跡。進行這項實驗時，電子是逐一發射的。

如果電子是單純的粒子，那麼它只會直線前進。無論發射多少次電子，都只有狹縫前方附近會留下電子抵達的痕跡（**2**）！但事實上一再發射電子，會產生明顯的干涉條紋（**3**）。

如果把電子當成單純的粒子來思考，便無法圓滿地說明這個實驗的結果。有的時候看起來是粒子，有的時候看起來是波。但是，它既不是單純的粒子，也不是單純的波。電子（微觀粒子）是如此神奇的存在。

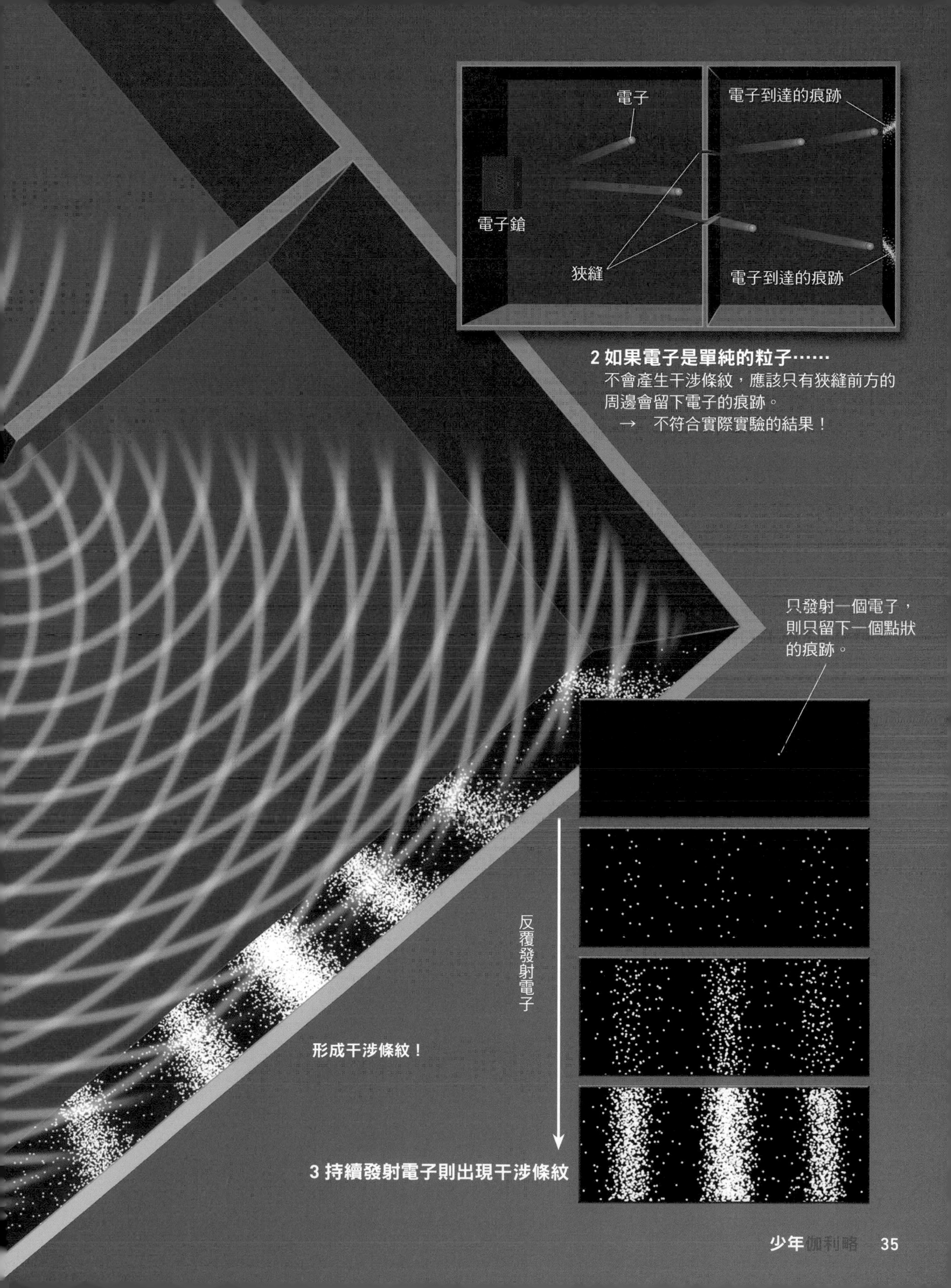
電子
電子到達的痕跡
電子鎗
狹縫
電子到達的痕跡
2 如果電子是單純的粒子……
不會產生干涉條紋，應該只有狹縫前方的
周邊會留下電子的痕跡。
→ 不符合實際實驗的結果！
只發射一個電子，
則只留下一個點狀
的痕跡。
反覆發射電子
形成干涉條紋！
3 持續發射電子則出現干涉條紋

關鍵的電子干涉實驗

電子干涉條紋所具的意義

電子發現於干涉條紋密的地方

反覆多次觀測電子的位置，可以得知會以多大的機率發現電子存在於哪個位置。該結果稱為「電子（在各個位置）的發現機率」。電子波在某個位置的振幅越大，在該點發現電子的機率越高（1）。

讓我們依據這個想法，再度思考電子的雙狹縫實驗吧（2）！電子以波的形式朝雙狹縫前進，通過A狹縫和B狹縫而成為兩個波（3）。通過A狹縫

1 電子波的機率詮釋

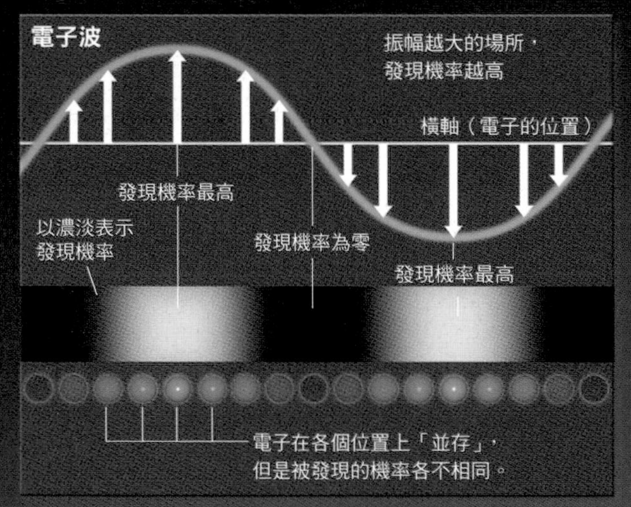

2 電子的雙狹縫實驗

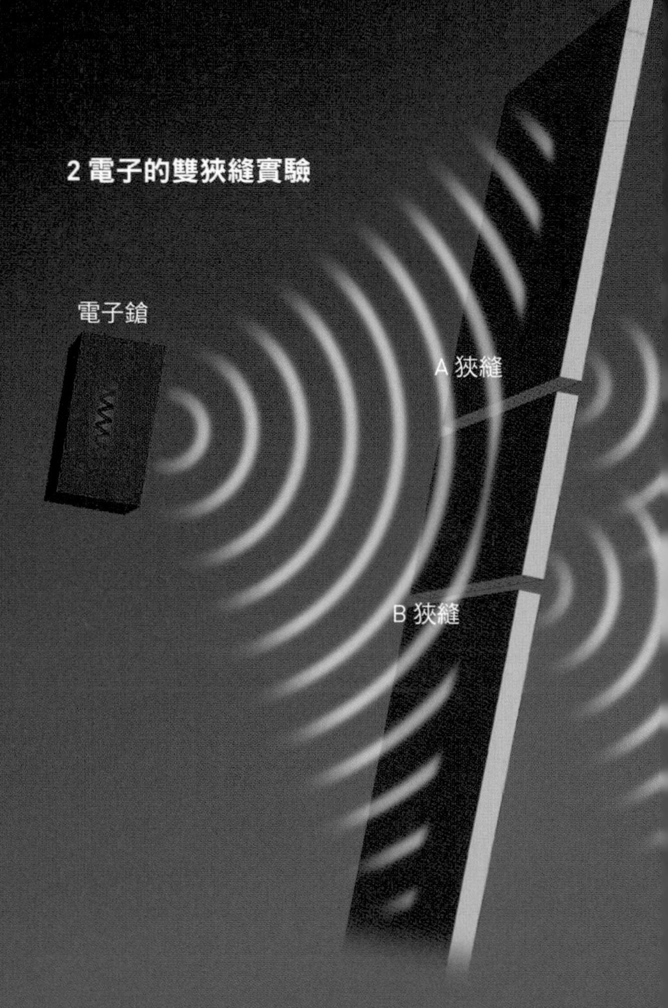

的波和通過B狹縫的波互相干涉而抵達屏幕。

屏幕上，由於干涉使得波增強的點，振幅增大，電子的發現機率提高，而由於干涉使得波減弱的點，振幅減小，電子的發現機率降低。

但是根據量子論，雖然能夠藉由計算波的振幅而得知發現機率，例如像「電子會以10%的機率出現在這裡」之類的，但若要預測「確實會出現在這裡」，在原理上絕不可能。電子運動的未來受到機率的支配，絕不可能正確地預測！

3 兩道狹縫使電子波分成兩個

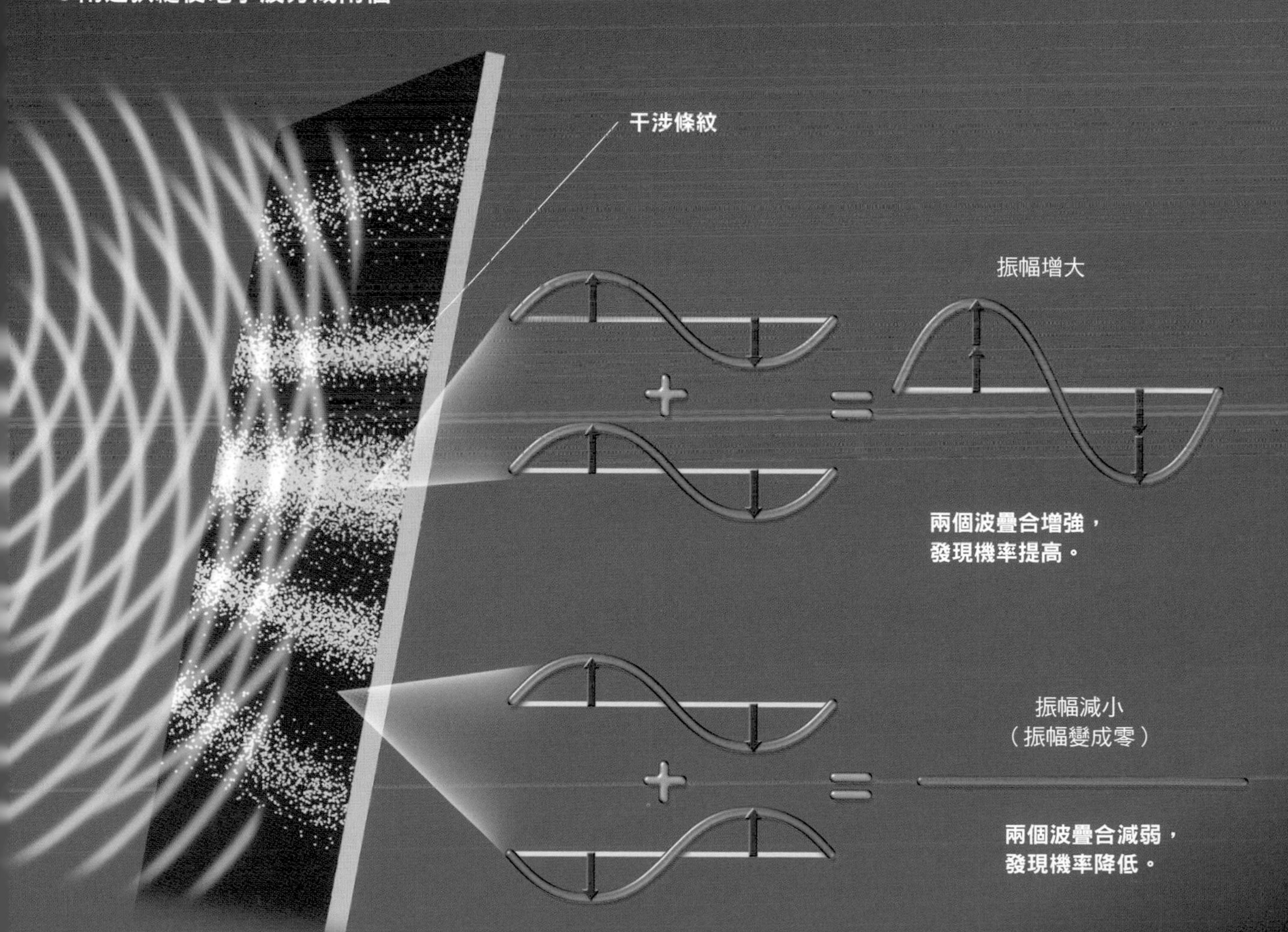

關鍵的電子干涉實驗

觀測電子的波，結果會如何呢？

如果進行「觀測」，電子波會縮成1點。

在電子的雙狹縫實驗中，為什麼電子只有在屏幕上的一點留下痕跡（被觀測到）呢？因為照理說，電子在屏幕上的任可地方都有可能被發現吧？所以仔細想想，這還真是不可思議。

在即將抵達屏幕之前，電子波是散布於整個屏幕（**1**、**2**）。因為是在屏幕上的1點觀測到它，所以是在這個瞬間，電子的波函數「塌縮」成沒有寬度的針狀曲線（**3**）。電子的波函數與發現機率有關，因此沒有寬度的針狀曲線即意味著確實會在那1點被發現。

以針狀曲線呈現的波，其實就相當於粒子。因為粒子也是確實會在某1點被發現的東西。亦即，可以認為是「如果進行觀測，則電子波會縮小分布範圍，呈現出電子的粒子形式的樣貌」。由於觀測，使得原來的波消失，只留下針狀的分量。

1 抵達屏幕前之電子波
只有波峰頂點畫實線。

電子波

波的行進方向

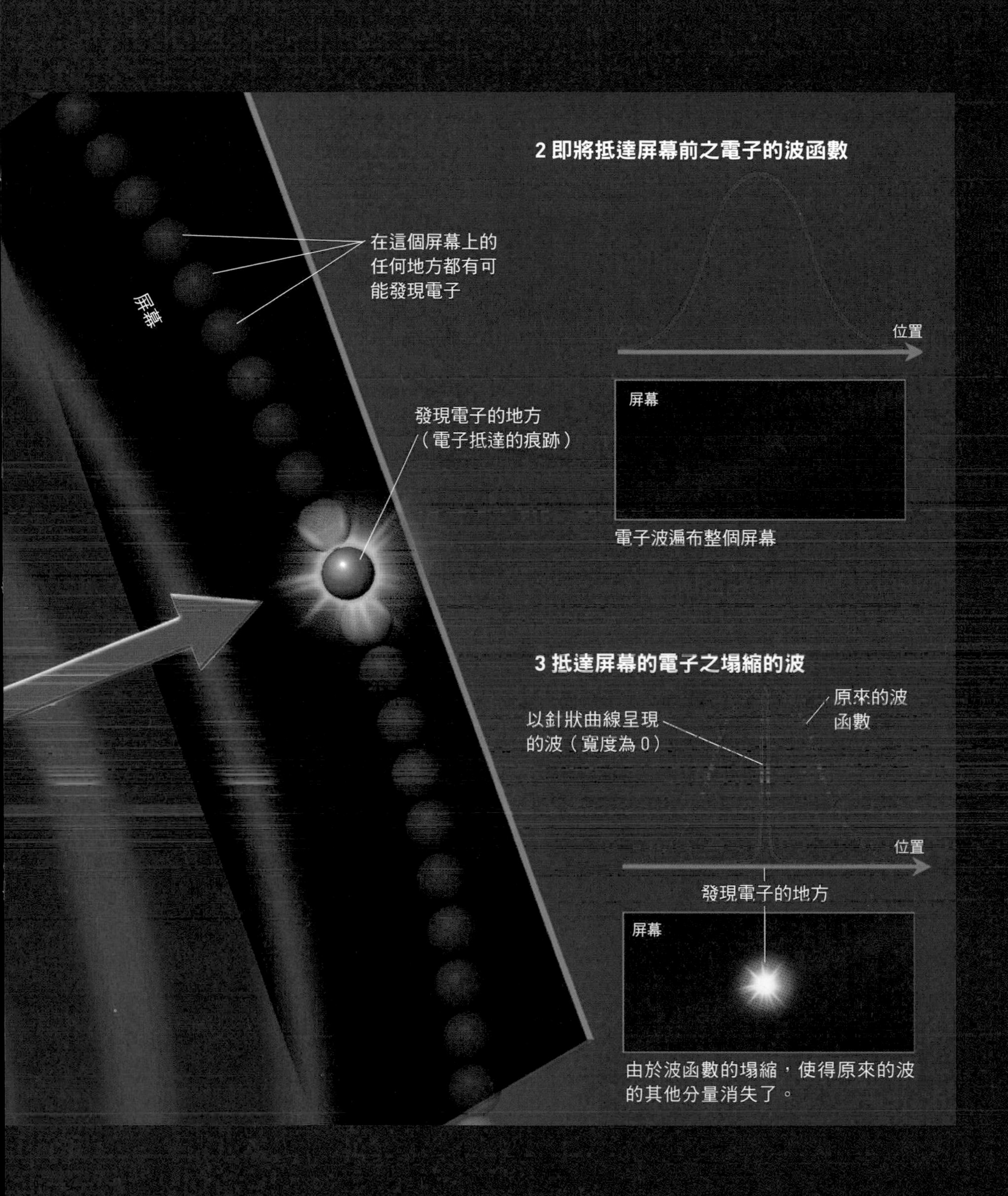
2 即將抵達屏幕前之電子的波函數
在這個屏幕上的
任何地方都有可
能發現電子
屏幕
位置
屏幕
發現電子的地方
（電子抵達的痕跡）
電子波遍布整個屏幕
3 抵達屏幕的電子之塌縮的波
原來的波
函數
以針狀曲線呈現
的波（寬度為 0）
位置
發現電子的地方
屏幕
由於波函數的塌縮，使得原來的波
的其他分量消失了。

關鍵的電子干涉實驗

觀測通過狹縫的電子

一個電子只要不同時通過兩道狹縫，就無法產生干涉條紋

如果我們以確認電子是通過哪一道狹縫為前提，實施相同的實驗，會產生什麼結果呢？在A狹縫和B狹縫的旁邊裝設觀測裝置，以便偵測通過狹縫的電子（**1**）。

有趣的是，施行這樣實驗的結果，竟然沒有產生干涉條紋！電子在來到狹縫正前方之前，電子波的分布範圍始終涵蓋A狹縫和B狹縫，但是如果要去確定電子是通過哪一道狹縫，則

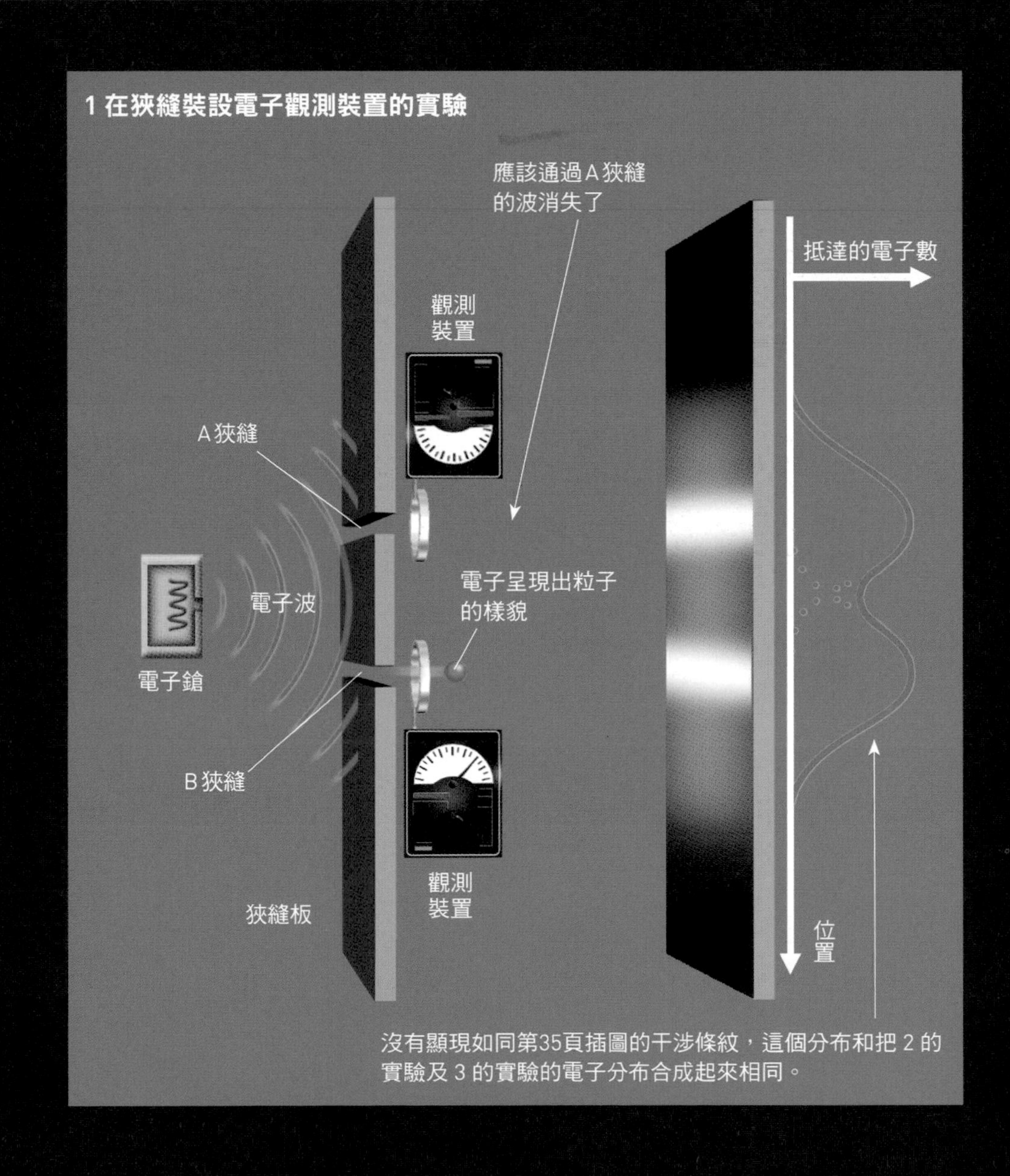

沒有顯現如同第35頁插圖的干涉條紋，這個分布和把2的實驗及3的實驗的電子分布合成起來相同。

這個行為本身（觀測）會使電子波塌縮，導致電子只會通過狹縫的其中一道，所以不會產生干涉條紋。

此時在屏幕上形成的電子的分布，和把遮住A狹縫施行實驗所形成的電子分布（**2**）及遮住B狹縫施行實驗所形成的電子分布（**3**）兩者單純合成的結果相同。

干涉條紋的產生，意味著在狹縫板的前方，電子通過A狹縫的狀態及通過B狹縫的狀態是並存著。

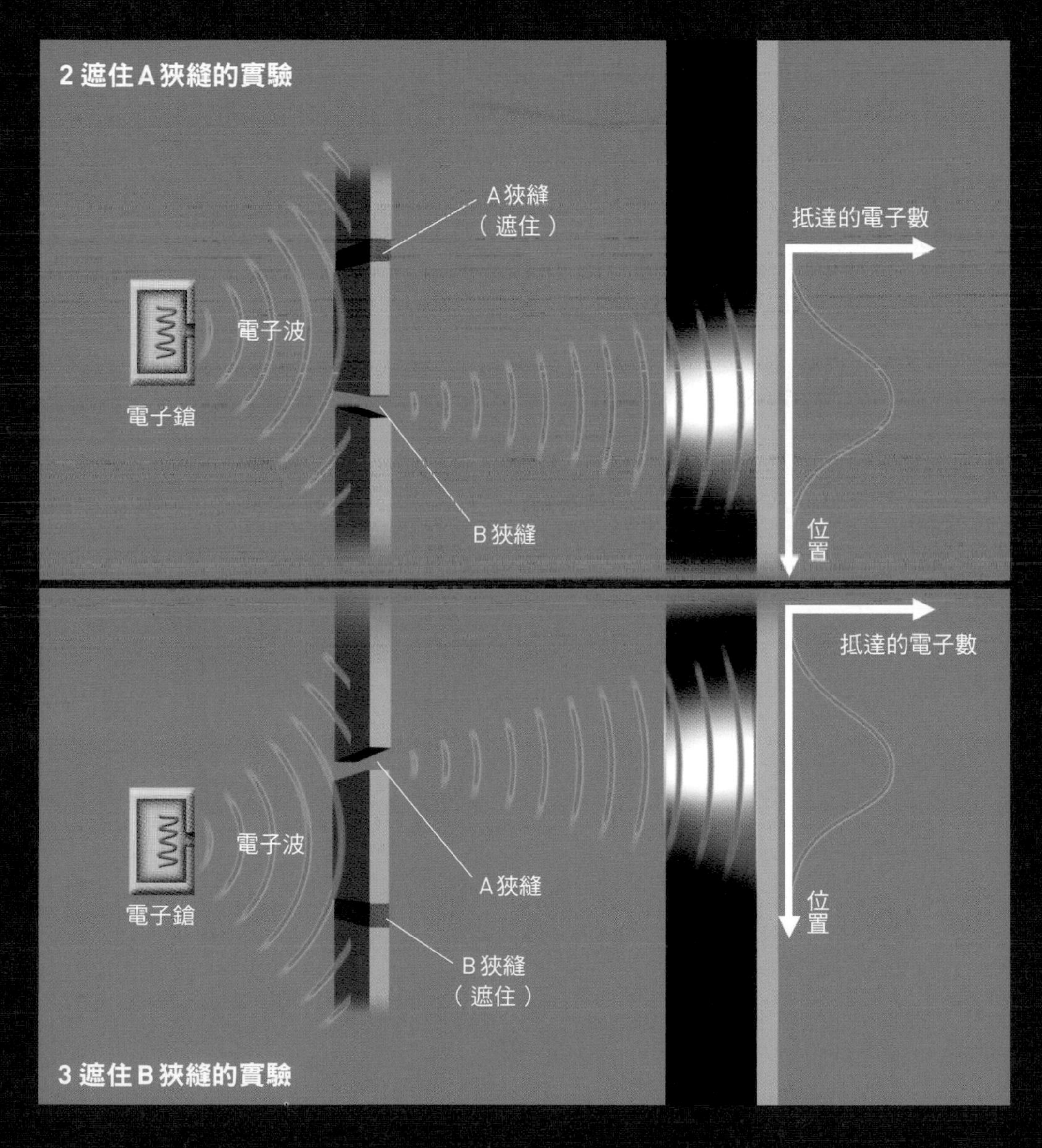

Column

Coffee Break

「電子的波」是什麼樣的波？

電子波是非常抽象的概念，很難把它意象化。通常，我們談到波，會一併談到傳播波的「介質」（medium）。例如，海浪的介質是水，聲波的介質是空氣。但是，電子波沒有任何介質。

電子波和「電子的發現機率」有關。電子波的振幅越大的地方，以粒子形式呈現的電子被發現的機率越高；而振幅越小的地方，電子被發現的機率越低。把空間中各個點的電子的發現機率做成圖形，就會呈現波形（第36頁插圖）。如果電子波具有寬度，則一個電子能夠同時存在於波散布的整個範圍。

不過，電子本身的大小並沒有改變，電子波會在空間中大大散布，這是意味著電子同時「並存」於各個角落。科學家對於如何詮釋電子波仍然意見分歧，這是一個很困難的問題。然而，如果把電子當成波來計算，可以圓滿地說明各式各樣的實驗結果。

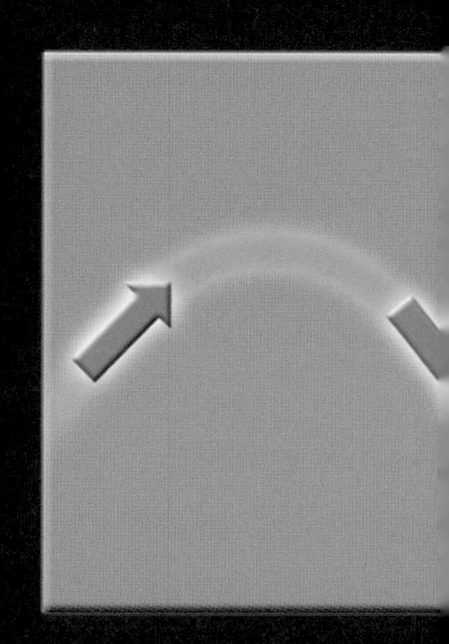

電子波不是眾多電子聚集而成的波

電子波不是電子一面波動、一面前進的意思

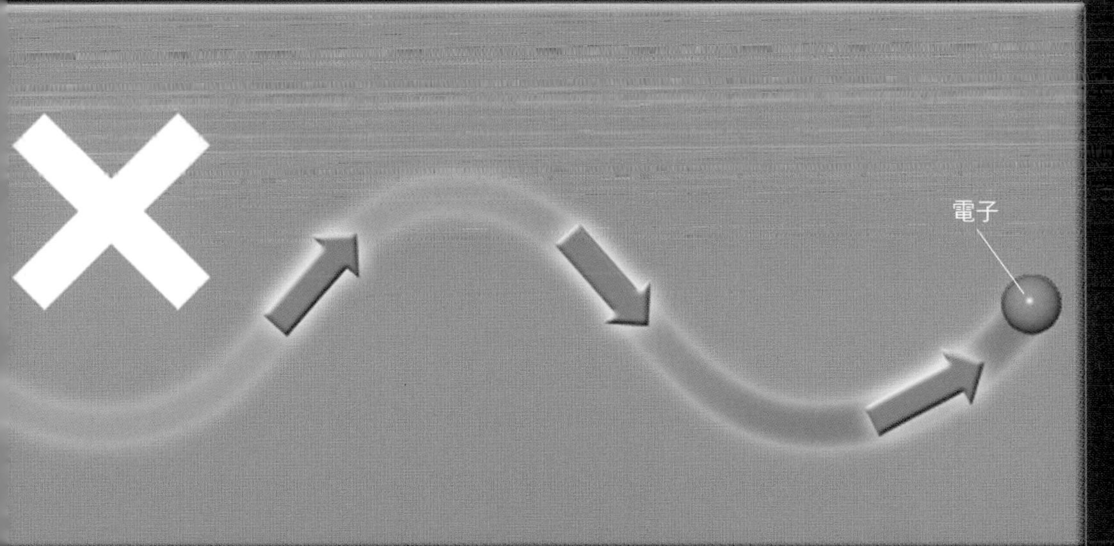

與詮釋相關的論爭

「上帝不玩擲骰子的遊戲！」

愛因斯坦對哥本哈根詮釋的強烈反駁

接下來，我們要介紹與量子論詮釋相關的論爭。

在電子波散布範圍內的任何地方都有可能發現電子（1）。在虛擬小箱子裡的電子，在觀測之前我們無法知道電子會在哪一側被發現。換句話說，電子會在哪裡被發現，只能預測其機率。順道一提，主導該詮釋的科學家波耳，其所率領的研究所位在丹麥的首都哥本哈根，因此將量子

1 把電子波（波函數）想成無數針狀波函數（粒子）的並存

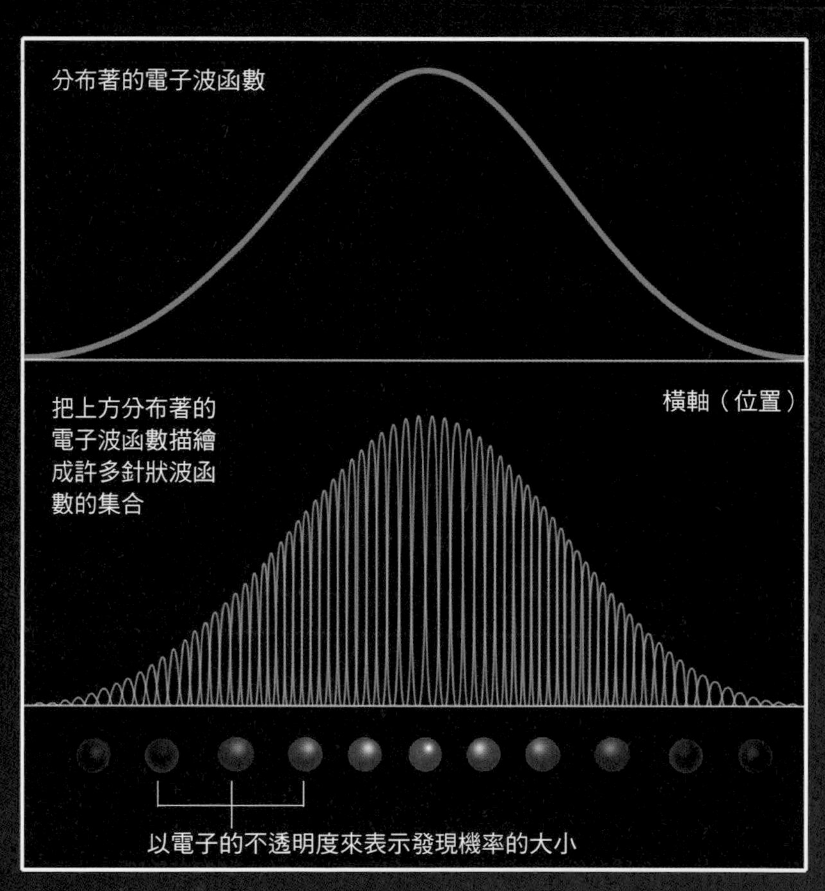

可以把分布著的電子波函數（上）想成是無數針狀波函數的集合（下）。針狀波的高度對應在該場所發現電子的機率。換句話說，電子以高低不同的發現機率並存於各種場所。

論的該詮釋稱為「哥本哈根詮釋」（Copenhagen interpretation）。

對於量子論的哥本哈根詮釋（機率詮釋＋波的塌縮）的想法，據說對量子論的發展貢獻厥偉的愛因斯坦曾以「上帝不玩擲骰子的遊戲！」提出強烈反駁（**2**）。

愛因斯坦認為：「如果量子論的哥本哈根詮釋是正確的，那麼即使全知全能的上帝，也不知道電子會存在於什麼地方」。愛因斯坦根本就不認同哥本哈根詮釋所主張的「決定一切事物的上帝竟然會依照擲骰子出現的點數來決定電子的位置」。

2 愛因斯坦以「上帝不玩擲骰子的遊戲」強烈反駁量子論的哥本哈根詮釋

與詮釋相關的論爭

「半死半生的貓」是否存在？

批判過激詮釋的薛丁格

關於量子論的詮釋，有些學者提出了以下這種可說是過度激烈的詮釋：「波的塌縮是發生於人類在腦中認識測定結果的時候」。

對於這樣的詮釋，量子論創始人之一的薛丁格利用下述以貓為主角的思想實驗（插圖）予以批判。換句話說，根據前面開頭的詮釋，在觀測者打開觀測窗確認箱子裡的貓是死、是活之前，貓活著的狀態和死掉的狀態是並存的。薛丁格藉此提出強烈批判，本文一開始所說的詮釋允許半生半死的貓存在，真是荒謬至極。

許多研究者認為不會有半生半死的貓，不過對於「薛丁格的貓」這個思想實驗，迄今尚未建立一致性的詮釋。

「薛丁格的貓」的思想實驗

當放射線偵測器偵測到放射性原子的原子核所放出的放射線時，就會產生毒氣將貓毒死。根據極端派的詮釋，貓在觀測者尚未打開窗確認之前，生與死兩種狀態是並存的。

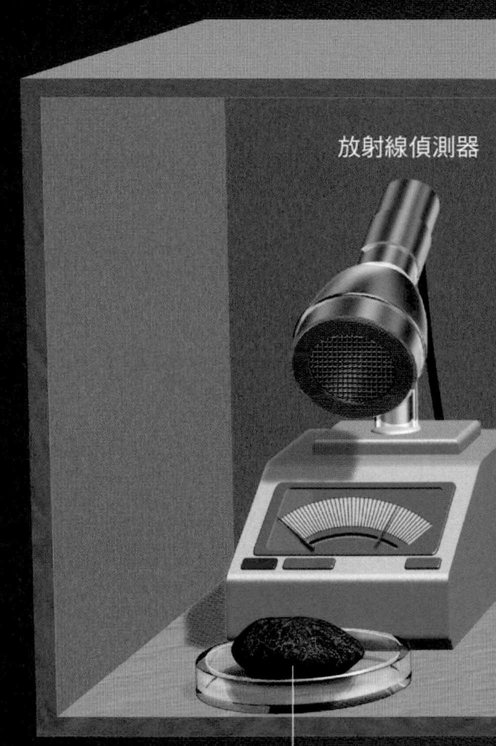

觀測者

在打開窗子之前，
不知道貓是活的或
死的。

在打開窗子進行觀測之前，貓活著的狀態和
死掉的狀態是並存著??

活的貓

死的貓

如果偵測器偵測到放射線，
鐵鎚會敲破瓶子。

瓶子裡裝有會產生
毒氣的液體

瓶子破裂會
產生毒氣

與詮釋相關的論爭

量子論詮釋仍充滿謎團

許多科學家把哥本哈根詮釋當做便利手法

與電子相較，觀測電子的裝置可以說是龐然大物（巨觀物體）。哥本哈根詮釋主張「電子波與巨觀物體發生交互作用會使波的分布範圍塌縮」。

巨觀物體並不會像電子一樣發生干涉之類的量子論效應。電子會因為撞擊不顯示波性質的巨觀物體，而失去電子波的性質。不過，為什麼和巨觀物體發生交互作用，電子波就會塌縮

大的（巨觀）物體幾乎看不出量子論的效應

量子論的效應清楚浮現
（微觀世界）

對象的尺度

10^{-15}m

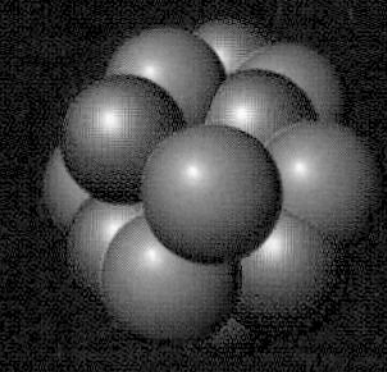

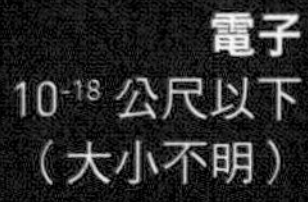

電子
10^{-18} 公尺以下
（大小不明）

原子核
10^{-14} 公尺的程度
（1000 億分之 1 毫米左右）

呢？至今仍是一個未解的謎題。

量子論對於一個電子的行為，只能以機率加以預測，但是對於龐大數量的電子集合體則能正確地預測。也就是說，量子論在處理電子及原子等的集合體上，能夠做出非常正確且實用的預測。

姑且不論哥本哈根詮釋是否可信，許多科學家確實是把這個詮釋做為實用上的便利手法。

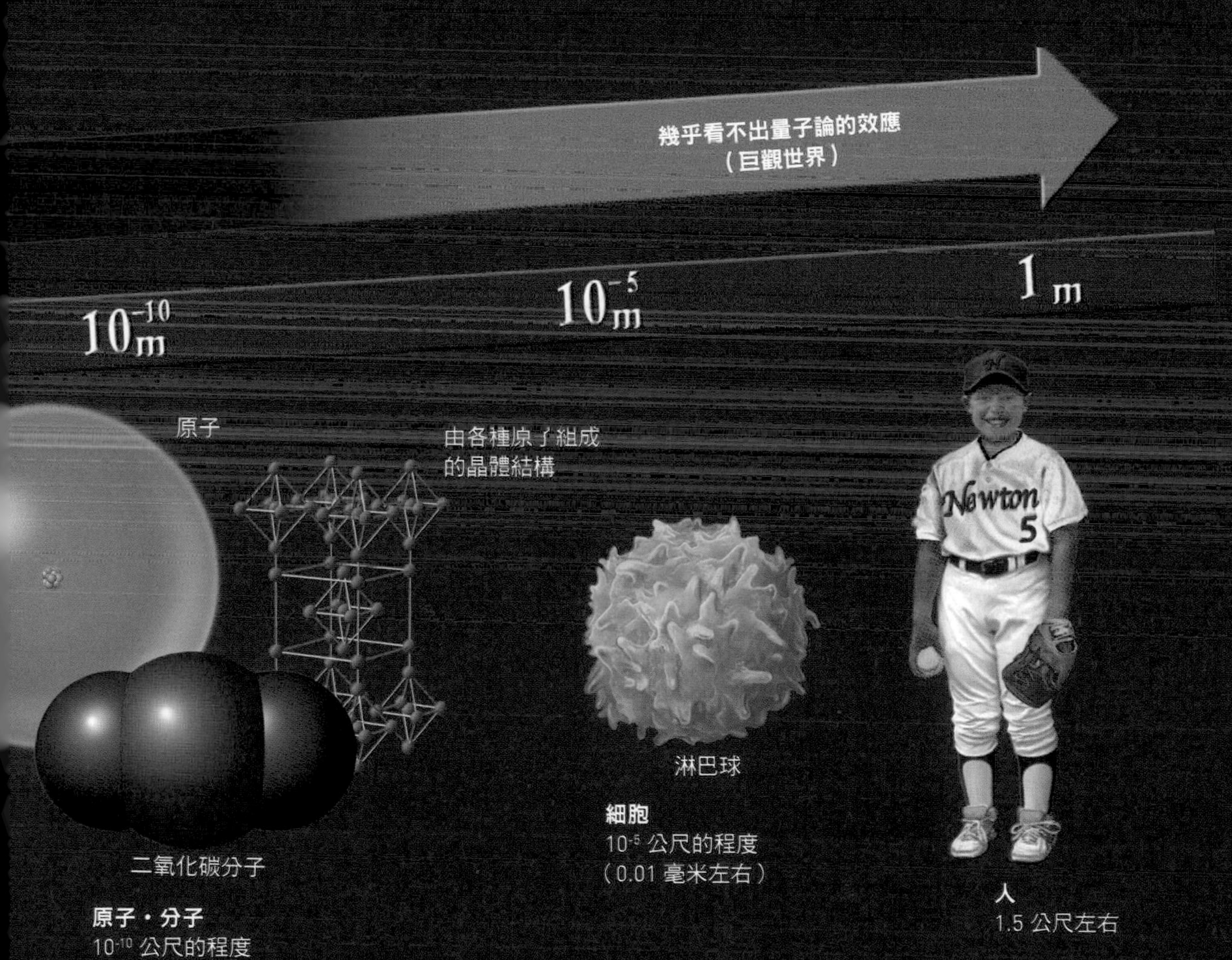

原子・分子
10^{-10} 公尺的程度
（1000 萬分之 1 毫米左右）

細胞
10^{-5} 公尺的程度
（0.01 毫米左右）

人
1.5 公尺左右

何謂不準量關係？

通過狹縫，波大幅散開

電子的波也發生相同的情形

接下來，讓我們換個話題，談談「自然界一切都是曖昧不明」這回事吧！

如果防波堤的縫隙很寬，則波浪在通過防波堤縫隙後會筆直前進（1）。而若防波堤的縫隙很窄，則波浪在通過防波堤縫隙後會擴散開來（2）。這是波的一般性質，所以電子波也會發生相同的情形。

想像一下電子通過狹縫的情景吧！

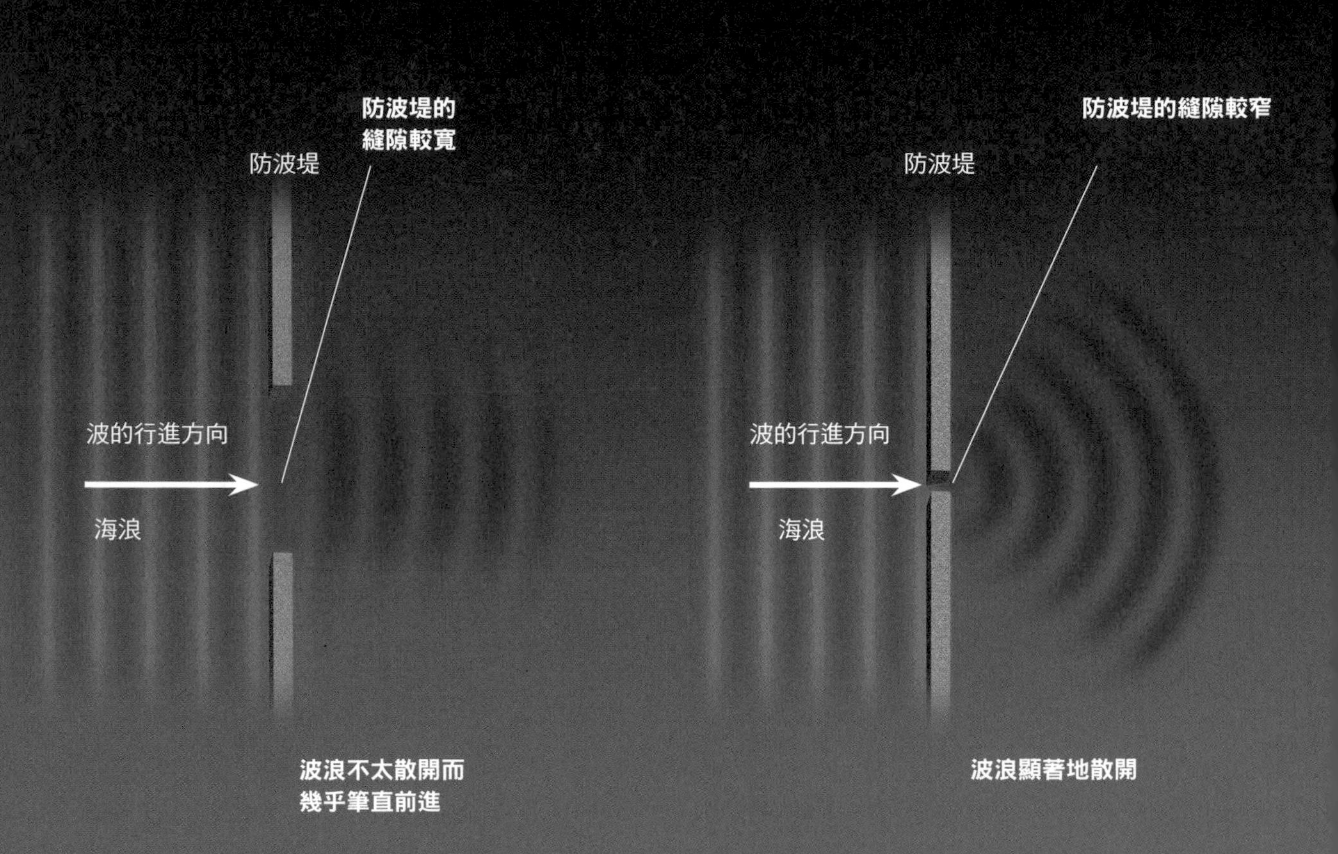

在寬狹縫的場合（**3**），電子波通過狹縫的瞬間，電子波擁有與狹縫同寬的散布範圍，並不知道會在這個範圍的什麼地方發現電子。由於狹縫比較寬，電子之「位置的不確定度」變得比較大。而電子波在通過狹縫之後幾乎是筆直前進，亦即電子在通過狹縫的瞬間幾乎立刻往前運動，所以「運動方向的不確定度」變得比較小。

但是在窄狹縫的場合（**4**），電子波通過狹縫的瞬間，電子之「位置的不確定度」變得比較小。而電子波在通過狹縫之後大幅散開，這意味著電子之「運動方向的不確定度」比較大。

3 狹縫寬廣的場合的電子波繞射

4 狹縫狹窄的場合的電子波繞射

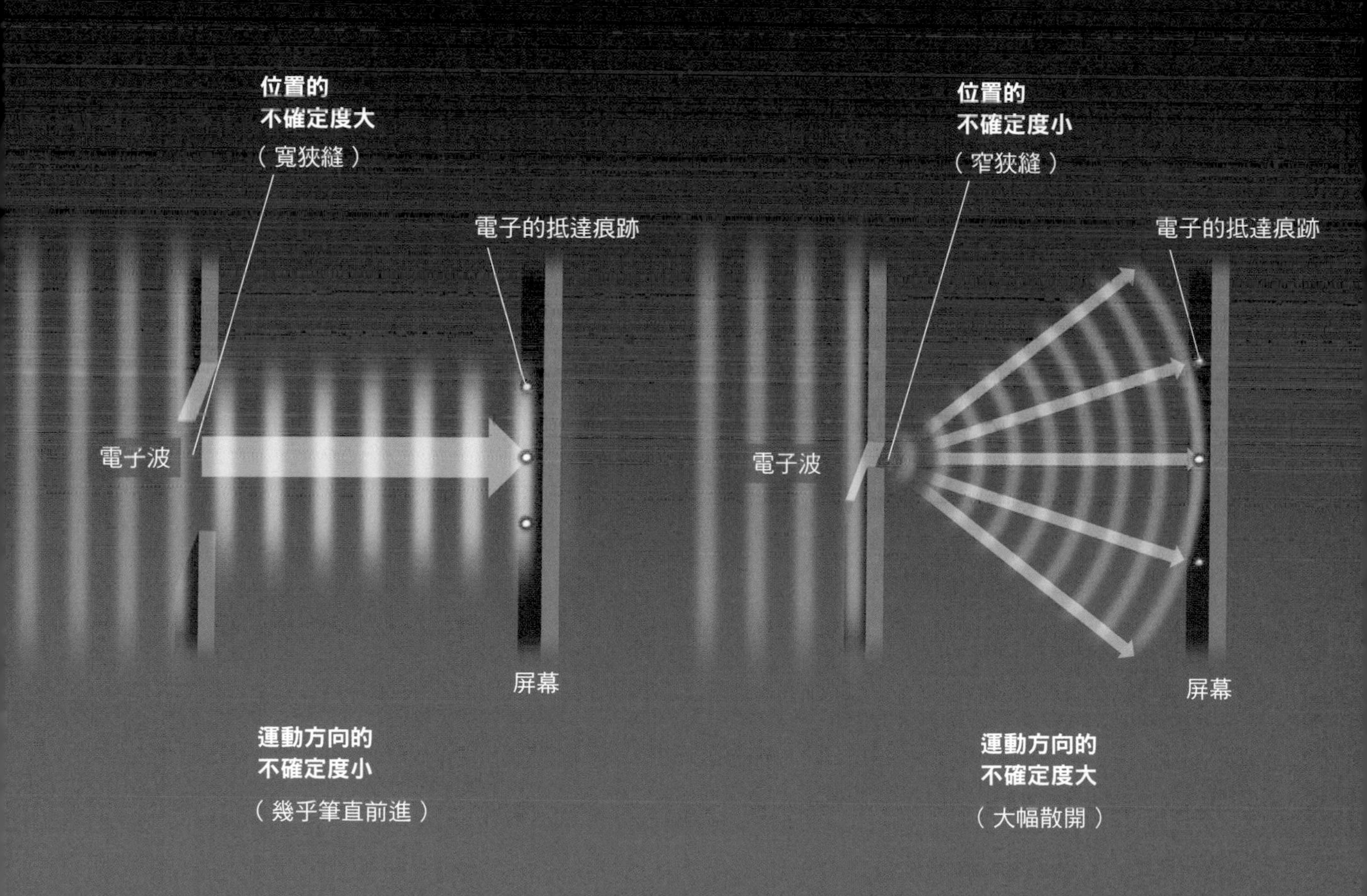

何謂不準量關係？

無法同時獲知物體的位置和運動方向

若確定電子的位置，則運動方向變得不正確

誠如前頁所提到的，如果要正確決定運動方向，則電子的位置不確定度會變大（1）；如果要確定電子的位置，則運動方向的不確定度會變大（2）。

也就是說，不可能同時確定這兩者。這些不確定程度之間，存在著一個基本的量化關係，稱為「位置與動量的不準量關係式」。

不準量關係式是德國的物理學

1 如果確定電子的運動方向，則位置變得不確定

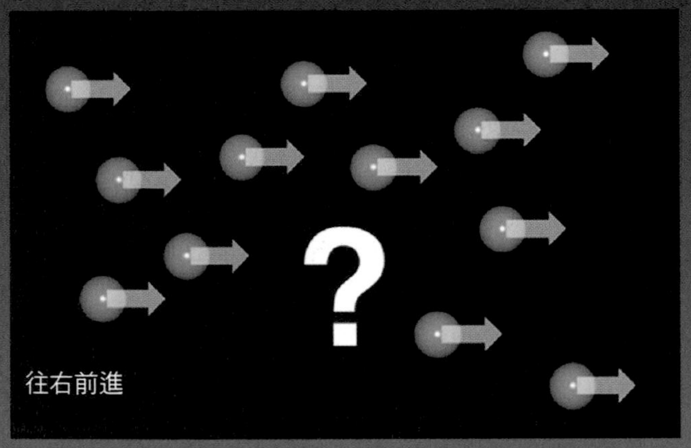

不知道電子存在於什麼位置
（電子同時存在於多個場所）

2 如果確定電子位置，則運動方向變得不確定

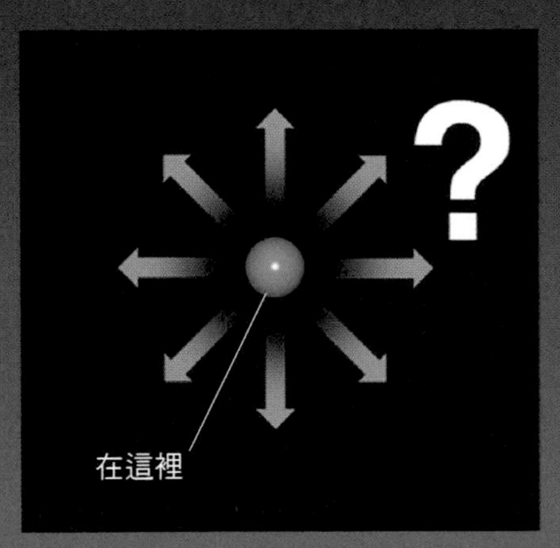

不知道電子的運動方向
（電子同時朝各個方向運動）

家海森堡（Werner Heisenberg，1901～1976）於1927年提出的想法。所謂的「不準量」，並非「實際上已經確定了，只是人類無法得知，因而不確定」的意思；而是指「有許多個狀態並存著，實際上尚未確定人類會觀測到何種狀態」的意思。

註：在這裡，只談到運動方向，[illegible]依照量子論的正確計算，與位置配對而變得不確定的是「動量」。所謂的動量，是指「質量×速度（包含運動方向）」，所以，如果要確定位置，則連速度也會變得不確定。

不準量間之關係的公式

$$\Delta x \times \Delta p \geqq h$$

海森堡
（1901～1976）

不準量間之關係的公式是德國的物理學家海森堡在1927年發表的。Δx為位置的不準量，Δp為動量的不準量，h為常數（$h=6.6\times10^{-34}$J·s）。

能量與時間的不準量關係

量子論構築新的真空面貌

在極短的時間尺度，能量的不確定性變得非常大

自然界各式各樣的量（物理量）之間，存在著不準量關係。以微觀的觀點來看，自然界是不確定而曖昧不明的。

「能量與時間」之間也具有不準量關係。理應沒有任何物質存在的空間（真空），若將某區域放大觀察微觀世界，在極短的時間尺度，能量的不確定性變得非常大。若某區域具有非常高的能量，利用該能量可能會產生電子等基本粒子。

不過，從真空誕生的基本粒子會立刻消滅，回復原本空無一物的狀態。能量的不確定性附帶著「極短時間」這個條件，因為如果把時間拉長，不確定性會式微而消失。

「藉由真空具有的能量變動，基本粒子會在各個角落生成又消滅」的情景，就是量子論所闡明的真空面貌。

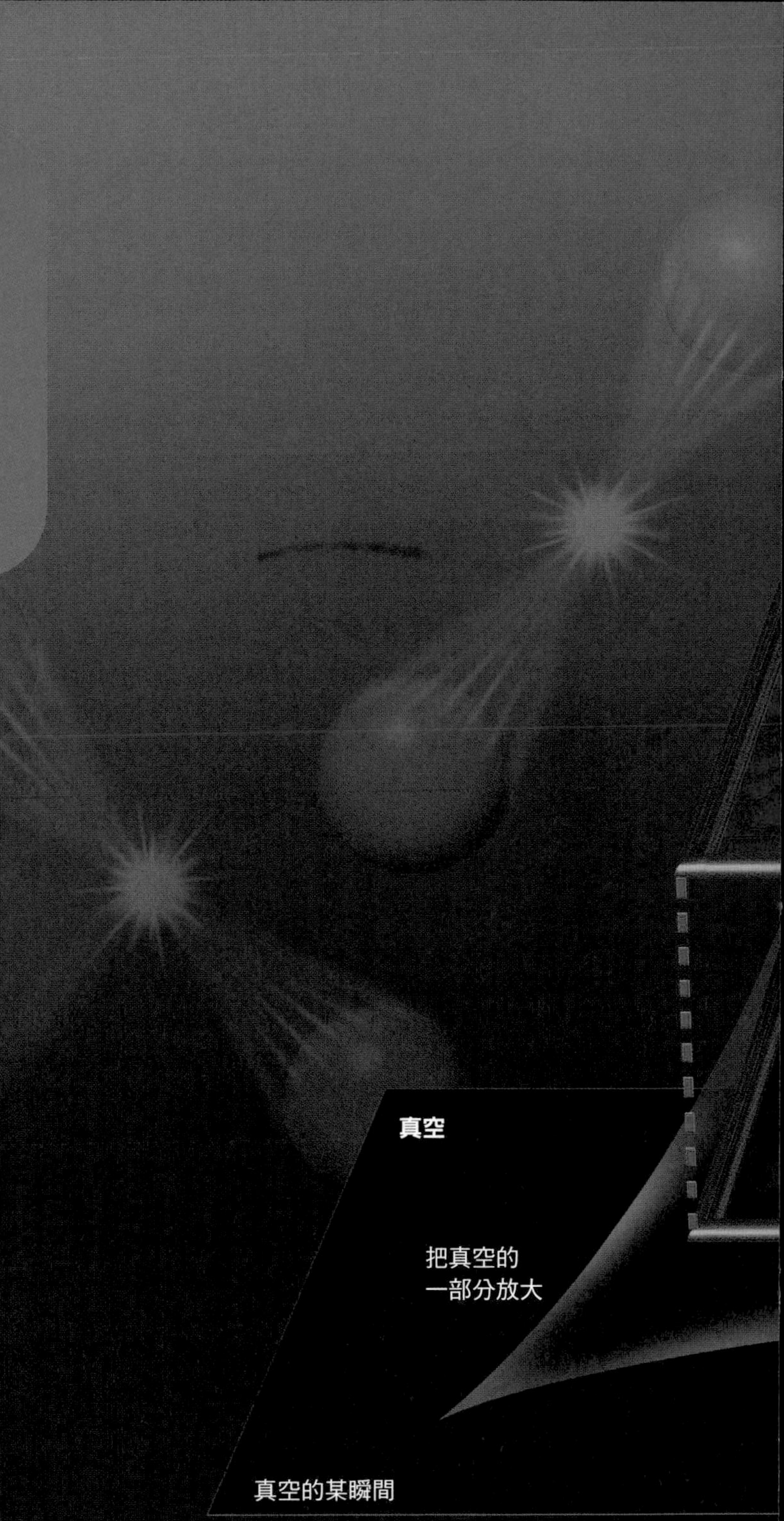

真空

把真空的
一部分放大

真空的某瞬間

註：所謂的基本粒子，是指被認為無法再分割下去的東西。電子、正電子及光子等等都是基本粒子。除此之外，還有構成質子及中子的「夸克」、不帶電的「微中子」等各式各樣的基本粒子。

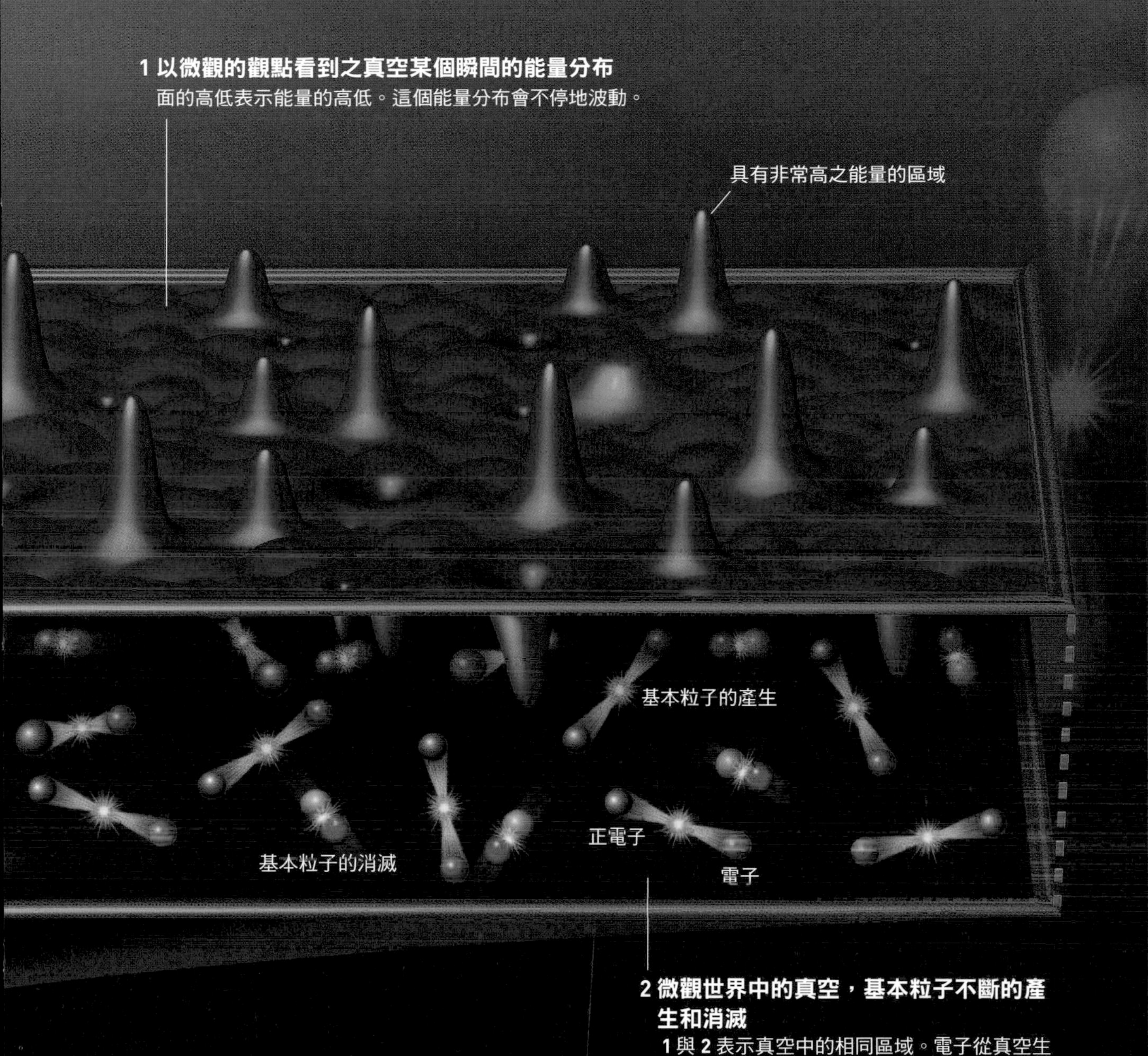

1 以微觀的觀點看到之真空某個瞬間的能量分布

面的高低表示能量的高低。這個能量分布會不停地波動。

2 微觀世界中的真空，基本粒子不斷的產生和消滅

1 與 **2** 表示真空中的相同區域。電子從真空生成的時候，必定會一起生成與電子酷似但帶著正電的基本粒子「正電子」（也稱陽電子）。電子消滅時，正電子也必定會一起消滅。

能量與時間的不準量關係

簡直像精靈？電子穿越障壁！

電子有可能在極短時間內獲得足以越過障壁的能量

電磁波具有穿透障礙物的性質。例如，可見光碰到玻璃，會有一部分反射，一部分透過（1）。行動電話的無線電波能抵達室內，原因之一在於無線電波能穿透一些可見光無法穿透的牆壁。

電子也具有波的性質，所以也會發生同樣的情形。電子也能穿透原本理應無法穿透的「障壁」，這種現象稱為「穿隧效應」。

1 透過牆壁及玻璃的電磁波

註：無線電波能抵達室內，也是因為無線電波容易發生繞射（波繞進到障礙物背面）的緣故。只要有點小縫隙就能鑽入，散布到房間裡面。

電子的穿隧效應，可以從能量與時間的不準量關係來思考。例如，想像一片像插圖的 **3** 這樣的山坡吧！

電子是有可能在極短時間內獲得足以越過山丘的能量，也就是能夠滾到山丘的另一側。從外部來看這個情景，就像是「電子在不知不覺中穿過山丘移動到另一側」。在下一頁，我們將以更具體的例子來說明穿隧效應。

2 我們的身體也能穿透牆壁??

人類的身體穿透牆壁的機率不是絕對的零，但宇宙誕生迄今的大約138億年間，具有龐大質量的人體穿透牆壁的事情從來沒有發生過。

3「穿過」理應無法越過之山丘的電子

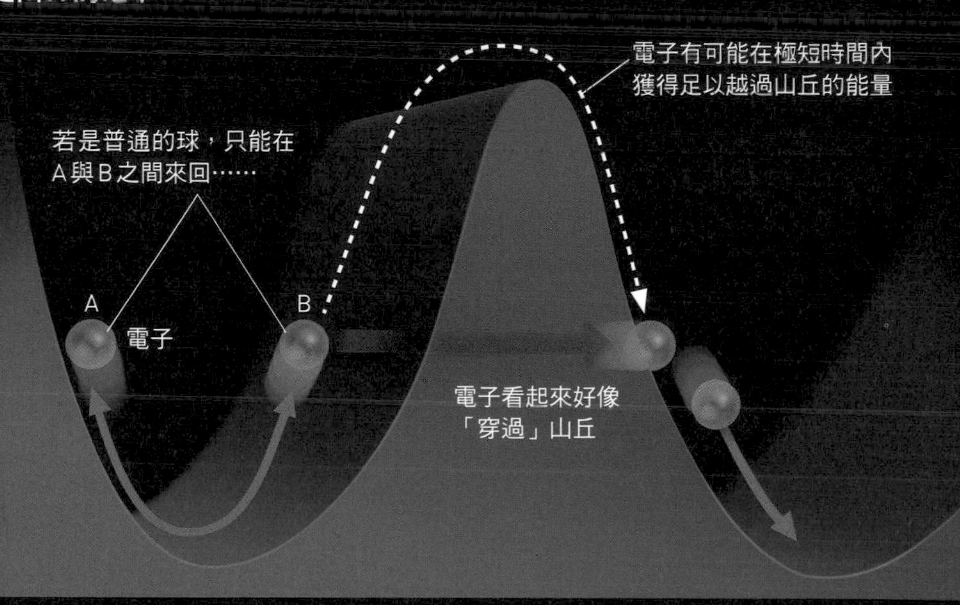

能量與時間的不準量關係

放射線從原子核射出的穿隧效應

好像從客滿的電車人群中脫身一般

俄裔美籍的物理學家蓋模（又譯為伽莫夫，George Gamow，1904～1968）等人成功地利用穿隧效應說明了原子核為何會發生「α衰變」（alpha decay）的原因。這裡所說的α衰變是指鈾等放射性物質的原子核放出稱為「α粒子」（一種放射線）的現象（**1**）。

原子核裡面的α粒子，由於很強的「核力」（nuclear force）而被束縛

1 原子核的 α 衰變

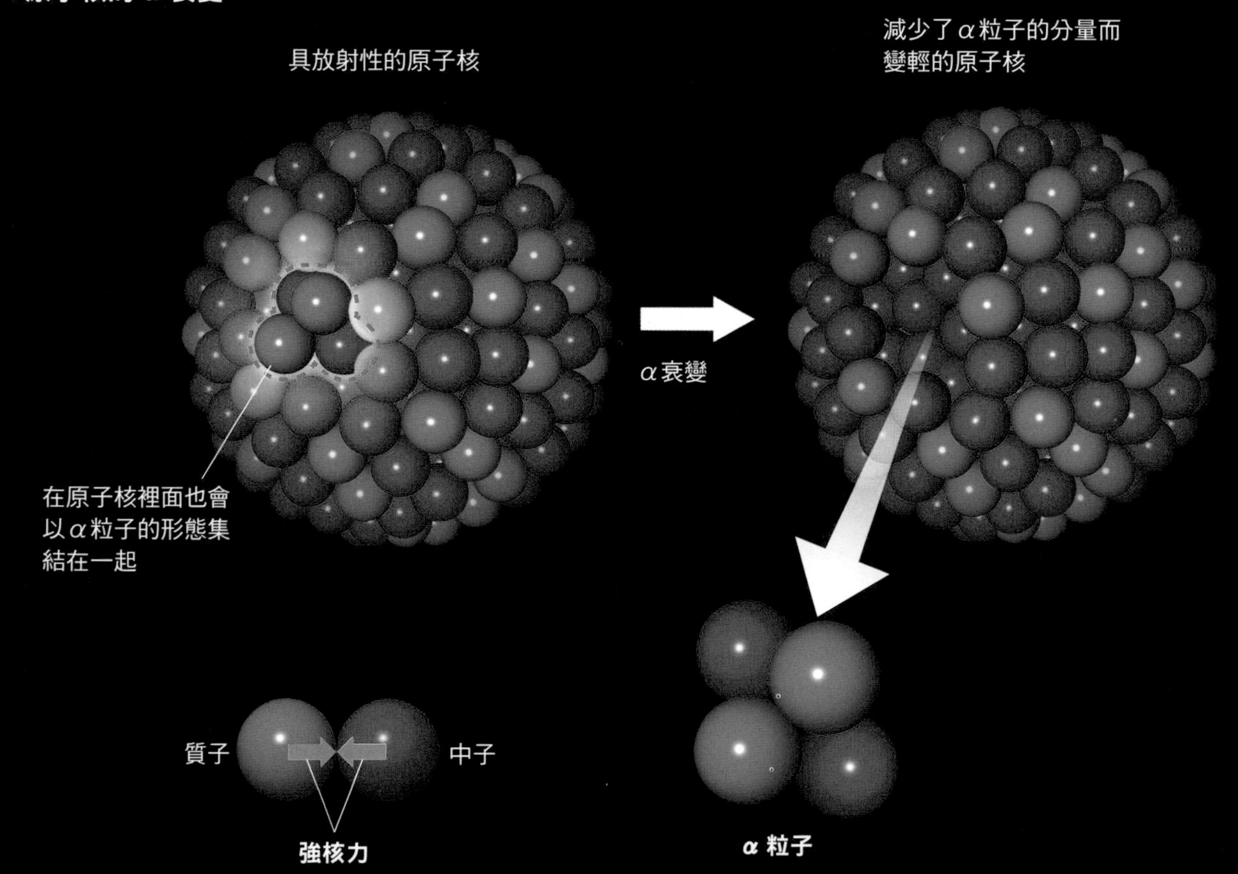

在原子核裡面，所以一般認為它無法脫離原子核飛出外面。α 粒子彷彿被困在強核力所製造的「能量山」的谷底（**2**）。

儘管如此，α 粒子有時候會發生穿隧效應，「穿過」這個能量障壁，飛出到原子核外面。打個比方來說，α 衰變就好像是原本塞在客滿的電車中動彈不得的人，突然穿越擁擠的人群衝出車廂一般（**3**）。

2 穿越能量山的 α 粒子

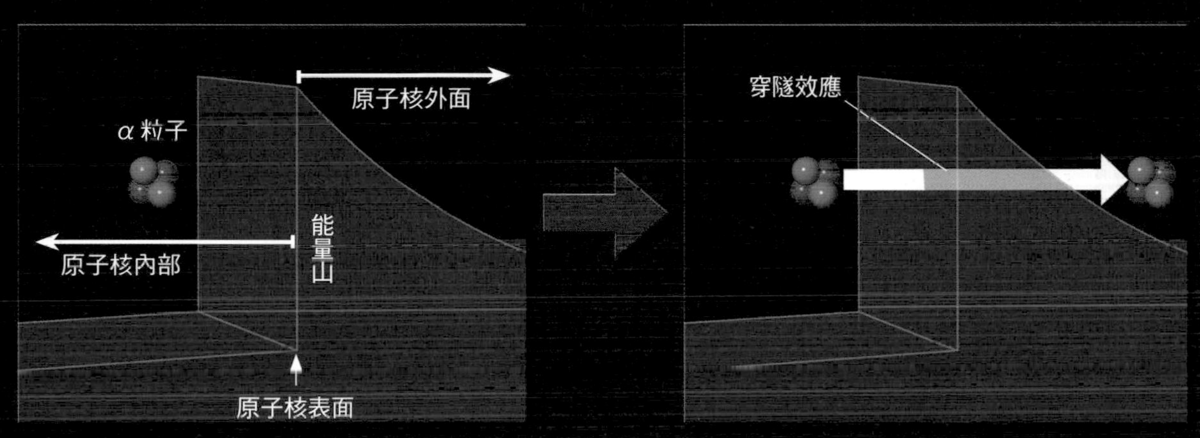

3 α 衰變有如突然穿越擁擠人群的人

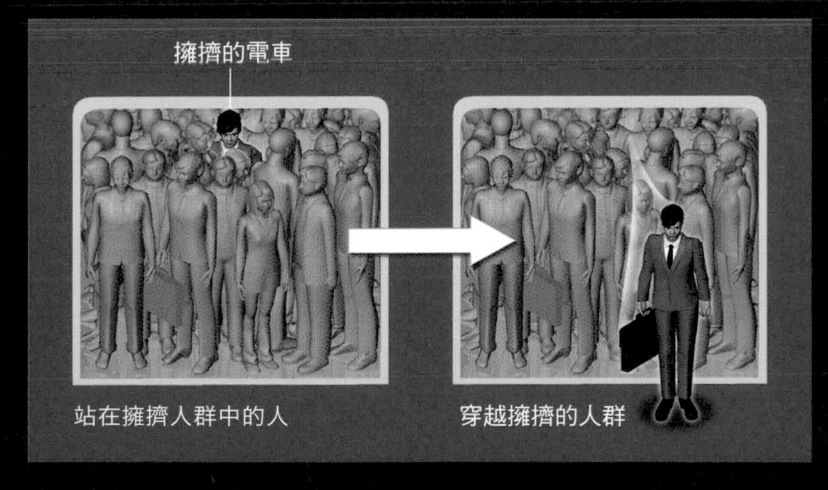

太陽因穿隧效應而大放光芒

質子彼此因穿隧效應而撞在一起

下面就來介紹一個可以實際感受穿隧效應的例子，它就是與我們生活息息相關的太陽。

在太陽的內部，發生氫原子核（質子）互相碰撞、合併的「核融合反應」（fusion reaction）。太陽之所以如此光輝烈烈，就是核融合反應產生龐大能量所致。

不過，質子帶著正電，若要突破靜電能量障壁而撞在一起，單純來想，

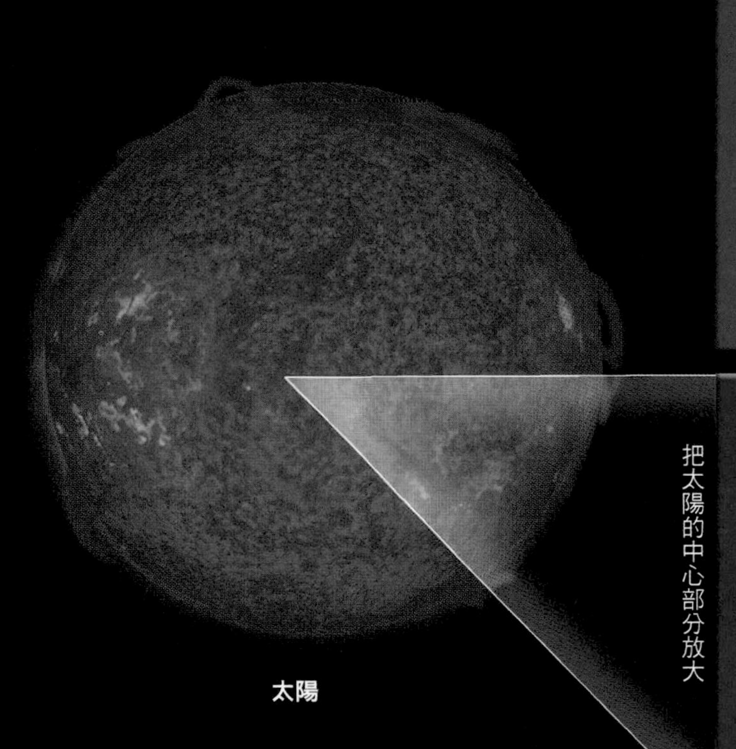

必須以極為驚人的速度互相接近才行，這相當於數百億℃的高溫。但事實上，太陽中心的溫度才1500萬℃而已。以這樣的溫度，太陽不可能發生核融合反應，也就不會發光了。

太陽如此發光、發熱，是因為太陽內部的質子彼此接近到某個程度時，會發生穿隧效應而撞在一起，引發核融合反應。我們身受太陽的恩澤，在某個意義上，也可以說是蒙受穿隧效應的恩賜！

拜穿隧效應之賜而發光發熱的太陽

在巨觀世界（**1**）中，想要使兩顆帶正電的球撞在一起的時候，如果沒有給球足夠的速度（運動能量），則這兩顆球會因為電荷間的斥力而無法撞在一起。

而在微觀世界（**2**）中，兩顆帶正電的粒子即使沒有足夠的速度也有可能撞在一起。這意味著粒子「穿越」能量障壁，這種情形稱為「穿隧效應」。

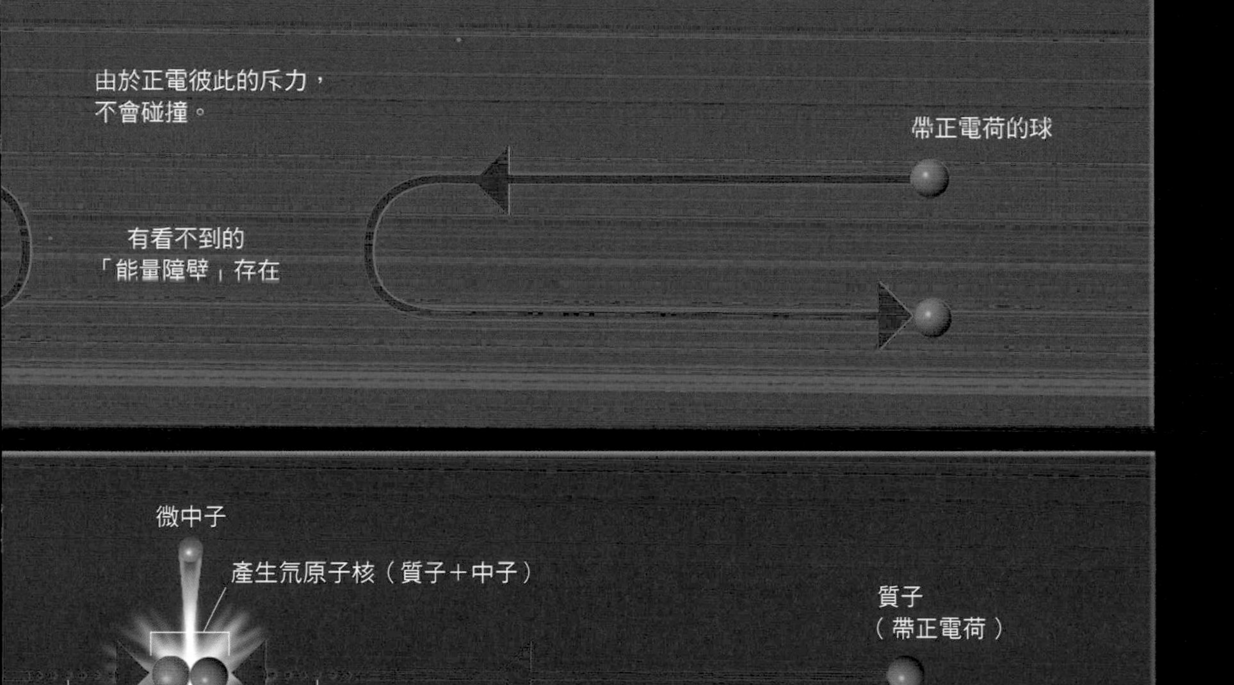

在微觀世界中，質子藉由穿隧效應而穿透能量障壁，彼此碰撞、合併。其中一方的質子會放出正電子和微中子，變成中子。

量子論的應用

若沒有量子論，就沒有電腦

量子論為物理學和化學搭起了橋梁

從現在開始，我們來談談量子論的應用狀況吧！量子論的豐功偉業之一，就是為物理學和化學搭起了橋梁。

例如，元素的週期性為什麼會產生呢？這個疑問已經藉由量子論加以闡明了（第64頁）。把元素由輕至重依序排列，即可發現具有相似性質的元素會週期性地出現（元素週期表）。為什麼會產生這種週期性呢？根據量

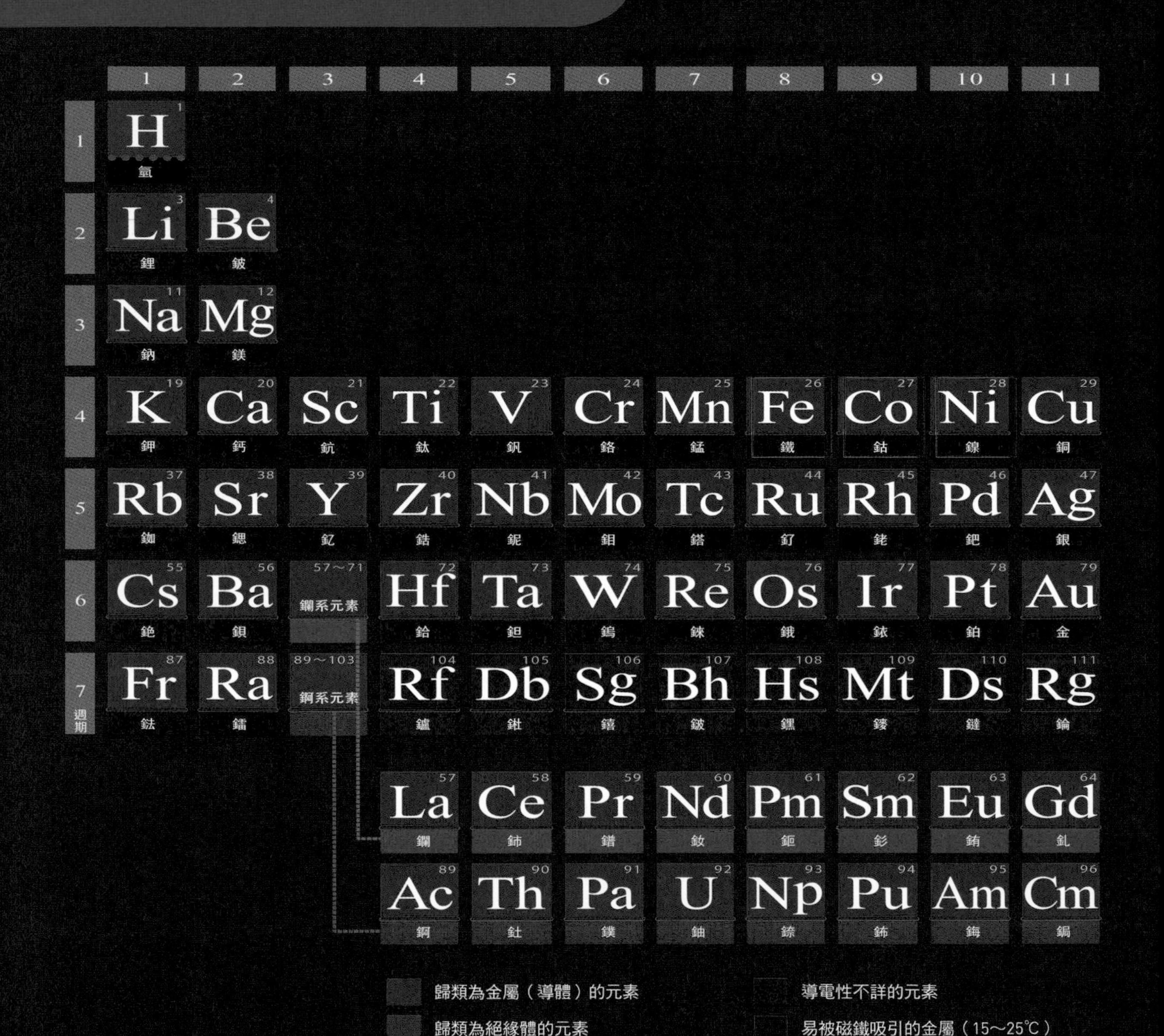

子論所建立之原子的電子軌域理論，為我們提供了答案。

化學反應為什麼會發生呢？這個疑問也能夠利用量子論從理論上加以說明（第66頁）。所謂的化學反應，是指原子和原子結合或分離，而原子的這些行為能夠依據量子論進行計算及預測。

此外，量子論也闡明了「金屬」、「絕緣體」、「半導體」等各種固體物質的性質（第68頁）。如果沒有量子論對半導體的性質提供正確的理解，像現在這樣能夠處理複雜資訊的IT社會就不可能出現了吧！

12	13	14	15	16	17	18 族
						2 He 氦
	5 B 硼	6 C 碳	7 N 氮	8 O 氧	9 F 氟	10 Ne 氖
	13 Al 鋁	14 Si 矽	15 P 磷	16 S 硫	17 Cl 氯	18 Ar 氬
30 Zn 鋅	31 Ga 鎵	32 Ge 鍺	33 As 砷	34 Se 硒	35 Br 溴	36 Kr 氪
48 Cd 鎘	49 In 銦	50 Sn 錫	51 Sb 銻	52 Te 碲	53 I 碘	54 Xe 氙
80 Hg 汞	81 Tl 鉈	82 Pb 鉛	83 Bi 鉍	84 Po 釙	85 At 砈	86 Rn 氡
112 Cn 鎶	113 Nh 鉨	114 Fl 鈇	115 Mc 鏌	116 Lv 鉝	117 Ts 鿬	118 Og 鿫
65 Tb 鋱	66 Dy 鏑	67 Ho 鈥	68 Er 鉺	69 Tm 銩	70 Yb 鐿	71 Lu 鎦
97 Bk 鉳	98 Cf 鉲	99 Es 鑀	100 Fm 鐨	101 Md 鍆	102 No 鍩	103 Lr 鐒

⋯⋯ 單質為氣體的元素（25℃，1標準大氣壓）

〰 單質為液體的元素（25℃，1標準大氣壓）

── 單質為固體的元素（25℃，1標準大氣壓）

元素週期表

這是以導電性為基準，分為金屬（導體）、絕緣體和半導體，並著上不同顏色的週期表。

金屬（導體）是導電的元素，絕緣體是不導電的元素，而半導體是導電性不像金屬這麼好，但是溫度愈高導電能力變得愈好的元素。

註：以顏色區分金屬（導體）、絕緣體、半導體主要是參考日本宇宙航空研究開發機構（JAXA）太空科學研究所的岡田純平助理教授（現為日本東北大學金屬材料研究所副教授）等人的研究團隊在2015年4月發表的新聞稿「硼熔融就會變成金屬嗎？」所刊載的週期表。

量子論的應用

量子論闡明週期表的意義

縱向排成一行的元素，其最外殼層的電子數相等

插圖為量子論所闡明之氫原子的電子軌域示意圖。電子只要沒有被觀測，就不能說它是「在這裡」。在此將彷彿具有分身術散布在軌域中的電子，以球狀的藍色雲來表現。

在氫原子內部的電子，通常是位於能量最低的球雲狀的「1s軌域」上（基態）。如果電子吸收了來自外部的光，便會從光獲取能量，躍遷到能

量子論所闡明之氫原子的電子軌域

本圖所示為能量較小的三個電子軌域，實際上還有許多能量更高的軌域。

2s軌域（球狀）

1s軌域（球狀）

原子核

常見的簡化電子軌域圖

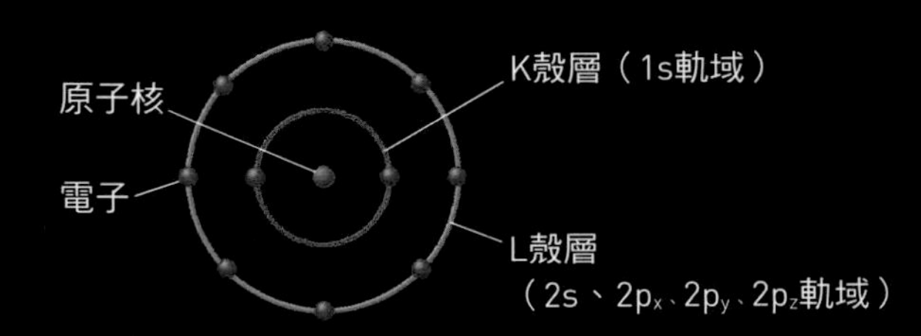

量更高的「2s軌域」或「2p軌域」等軌域上（受激態）。

各個電子軌域有一定的「配額」。一個軌域中頂多只能有 2 個電子存在。元素不同，電子的配置（組態）也就不同。這種電子組態的差異，決定了各種元素的化學性質。

尤其是位於最外側、能量最高之軌域（最外殼層）的電子數的影響最大。在週期表上，最外殼層的電子數相等的元素基本上是排在同一縱行。

2p軌域（啞鈴型）

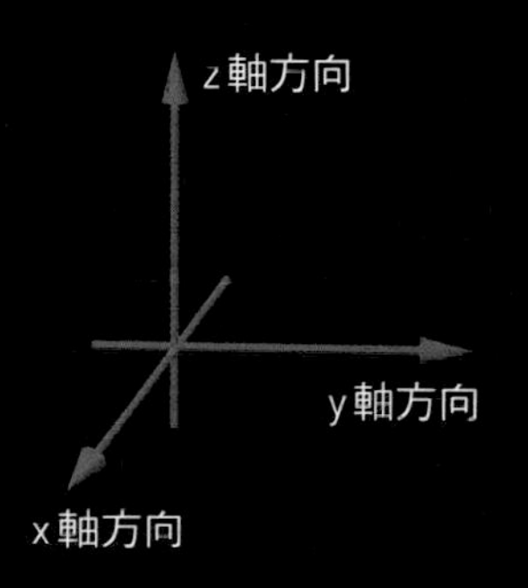

2p軌域形成啞鈴的形狀。這個「啞鈴」具有 3 個獨立的方向（x、y、z 軸方向），稱為$2p_x$、$2p_y$、$2p_z$軌域。插圖所繪為$2p_y$軌域。

註：插圖中，為方便了解電子軌域的形狀特徵，將其輪廓誇張表示（次頁以後皆同）。
實際的電子軌域分布層次會更為平順，因此輪廓會更模糊。

量子論的應用

量子論闡明原子鍵結機制

原子彼此接近，形成分子軌域

氫和氧、氮等元素通常由兩個原子結合成為「分子」。但是，原子屬於電中性，似乎沒有靜電引力的作用，為什麼能夠牢牢地結合在一起而成為分子呢？下面以最單純的原子「氫」為例，做一說明。

根據量子論進行計算的結果，接近之兩個氫原子的1s軌域因為合併而形成新形狀的氫分子軌域（**1**、**2**）。

一個軌域可以容納兩個電子進入，

觀察電子雲即可得知鍵結機制

把兩個氫原子逐漸靠近，電子雲（1s軌域）會發生變化，形成「氫分子軌域」（成鍵分子軌域）。二個電子一進入該軌域就成了穩定的氫分子。

1 讓兩個氫原子逐漸靠近……

所以兩個電子都會「配置」在分子軌域當中能量較低的那一個（成鍵分子軌域）。在該分子軌域上，兩個原子核之間的「電子雲」會變濃，所以在原子核和電子雲濃密的區域之間，會產生靜電引力的作用（**3**）。結果，原子核便以電子為媒介而緊密地結合在一起。

　這就是氫原子會形成氫分子的原因。

2 形成分子軌域，變成氫分子

當一個電子進入分子軌域，就成了穩定的氫分子。

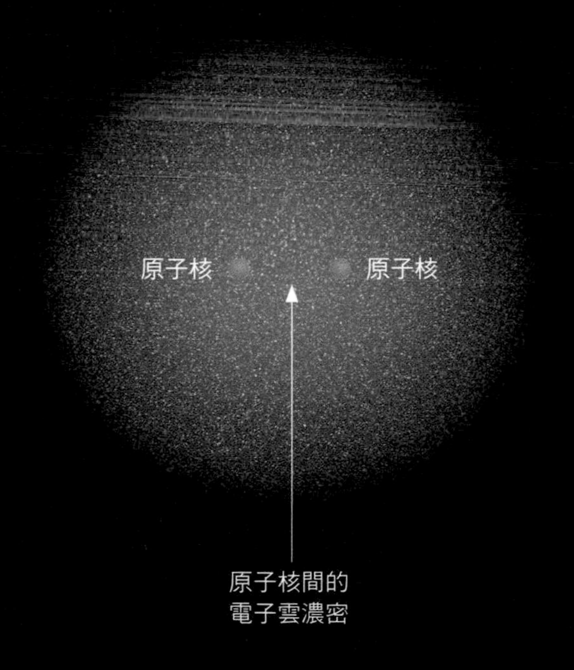

3 成鍵分子軌域的原子核附近

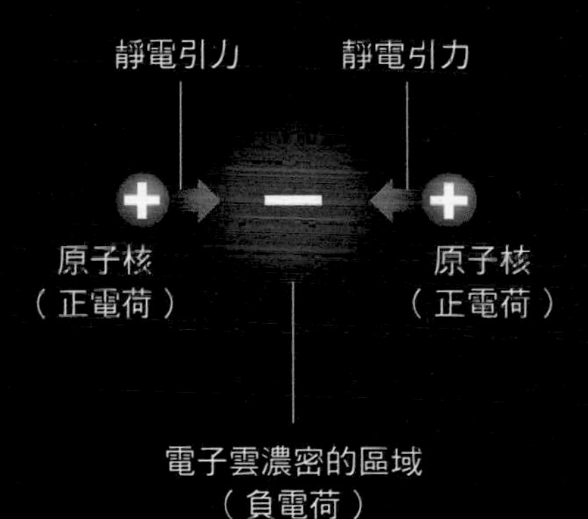

氫分子的原子核（正電荷）之間，電子雲（負電荷）變得濃密，因此原子核被往電子雲濃密的區域牽引。這就是氫原子彼此結合形成氫分子之力的本質。

量子論的應用

量子論闡明半導體性質

金屬、絕緣體、半導體之分是自由電子數量的差異

鐵等「金屬」（導體）能導通電流（電子的流動），但一般的陶瓷器等「絕緣體」，除非施加非常高的電壓，否則無法導通電流。而矽（Si）、鍺（Ge）之類的「半導體」，則具有介於導體和絕緣體之間的性質，能夠導通少量的電流。同樣都是固體物質，為什麼會有這樣的性質差異呢？

從微觀的視點來看，金屬（導體）

LED燈泡

LED（發光二極體）是使用「p 型」和「n 型」兩種半導體的發光裝置。LED燈泡內部的「LED元件」（LED device）上面配置數十個由 p 型半導體和 n 型半導體所組成的「LED晶片」（LED chip）。

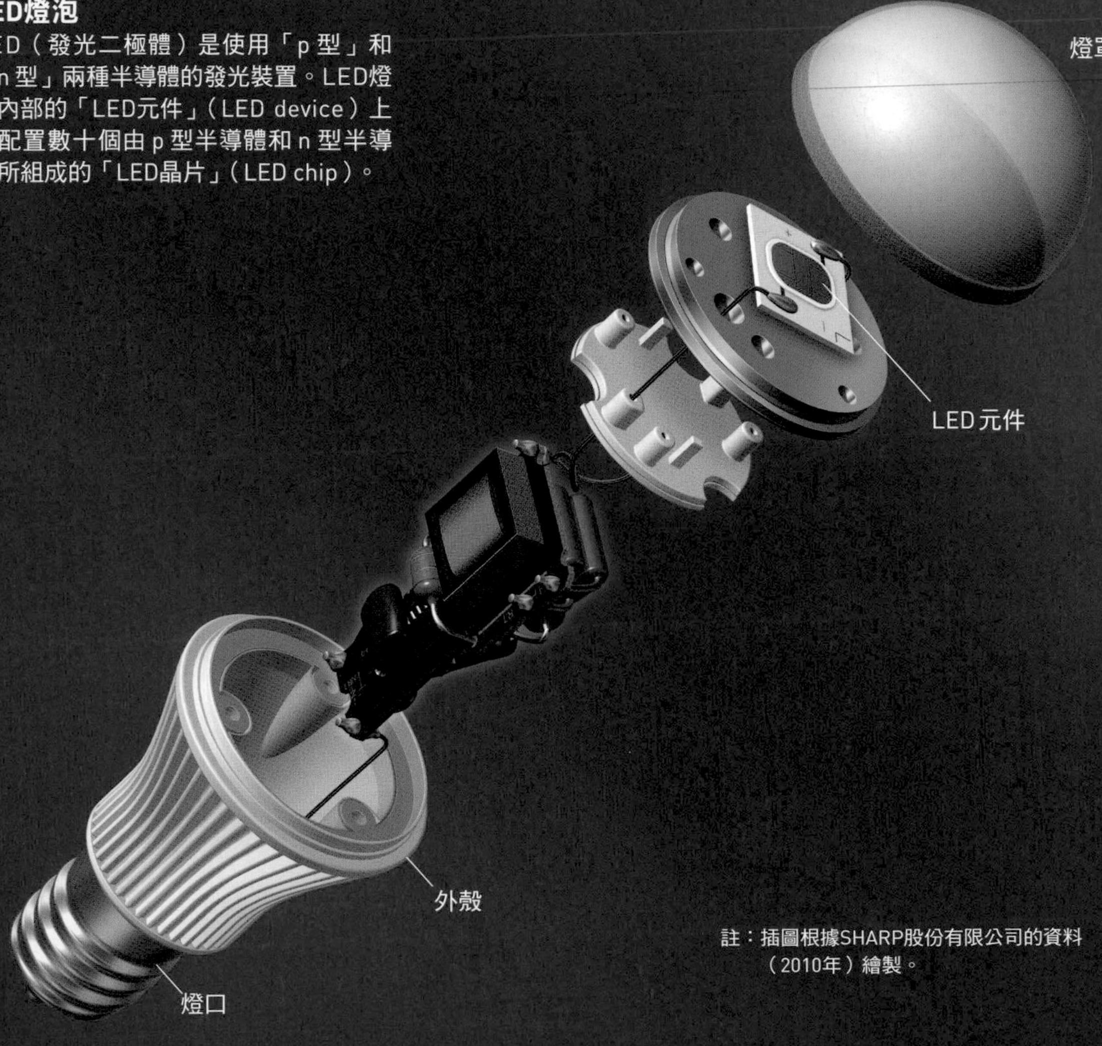

燈罩

LED 元件

外殼

燈口

註：插圖根據SHARP股份有限公司的資料（2010年）繪製。

可以說是擁有可自由移動之電子（自由電子）的物質。另一方面，絕緣體可說是沒有自由電子的物質，而半導體則是一般時候為少有自由電子的物質，但是當溫度提高或是添加雜質，自由電子量就會增加的物質。

像這種固體內部的電子行為可以用根據量子論發展出來的「能帶理論」（energy band theory）來闡明。由此可知，量子論的「守備範圍」並不僅止於微觀世界，也應用在各式各樣的家電製品等方面。

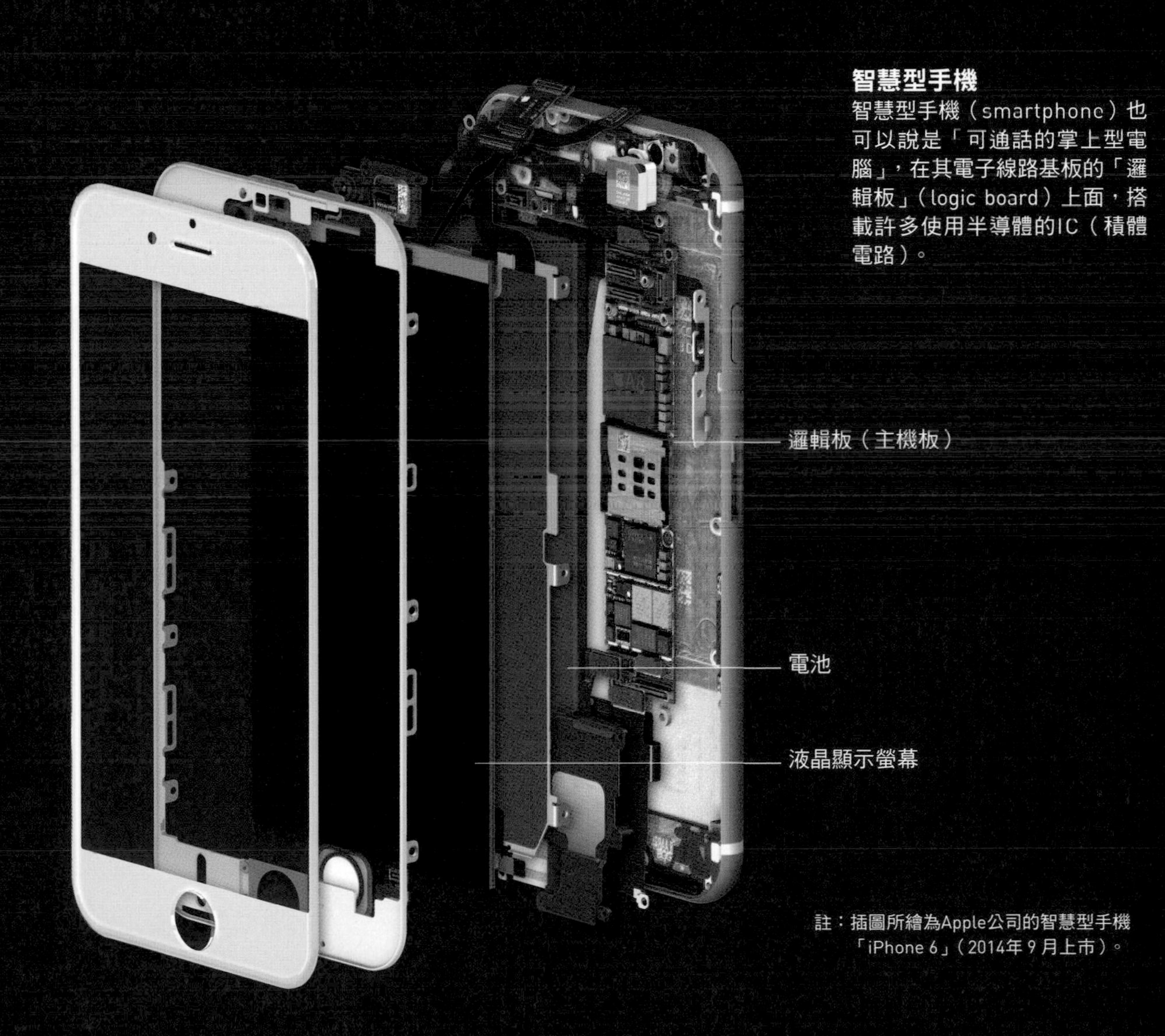

智慧型手機

智慧型手機（smartphone）也可以說是「可通話的掌上型電腦」，在其電子線路基板的「邏輯板」（logic board）上面，搭載許多使用半導體的IC（積體電路）。

註：插圖所繪為Apple公司的智慧型手機「iPhone 6」（2014年9月上市）。

Column

Coffee Break

未來已經決定了嗎？

以投球為例，如果能夠嚴謹得知投出球的瞬間速度、方向和高度，便可利用牛頓力學精密地計算出球落在地面的位置。也就是，我們可以說，「球落下的地點在投出的瞬間就已經決定了」。

法國科學家拉普拉斯（Pierre-Simon Laplace，1749～1827）把牛頓力學的概念進一步發展，提出「假設有一個能精確地知道宇宙一切物質之現在狀態的生物存在，那麼這個生物將能夠完全預言宇宙未來的一切事物吧！也就是說，未來已經既定了」。這個虛擬的生物稱為「拉普拉斯精靈」（Laplace's demon）。

但是，根據量子論的想法，縱使假設拉普拉斯精靈能夠知道宇宙的一切訊息，在理論上也無法預言未來會變成如何！

例如，誠如第50～53頁所看到的，想要同時正確獲知電子位置和運動方向是不可能的。

在微觀世界，不可能預言未來。也就是說，未來並不是已經既定的。

能預知宇宙未來的虛擬生物「拉普拉斯精靈」

插圖為拉普拉斯精靈的手上握著代表宇宙的球的想像圖。時鐘的插圖象徵拉普拉斯精靈能看透過去、現在和未來。

拉普拉斯
（1749～1827）

量子論的未來

量子論可揭露宇宙誕生之謎？

宇宙是從擾動的「無」中誕生的？

接下來將介紹持續發展中的量子論，其最前沿的研究。

我們已經知道，宇宙正在持續地膨脹之中（**1**）。如果我們沿著時間倒溯回去，則過去的宇宙遠比現在小得多。把這個想法推到最極致，就是在很久很久以前，宇宙比原子還要小。

遠古時代的微觀宇宙尚未完全闡明，不過，宇宙從「無」誕生卻是一個極為有力的假說。這裡所說的

1 膨脹的宇宙

以圓形平面表現若干個時間點的宇宙空間。宇宙能夠像氣球般膨脹擴張。

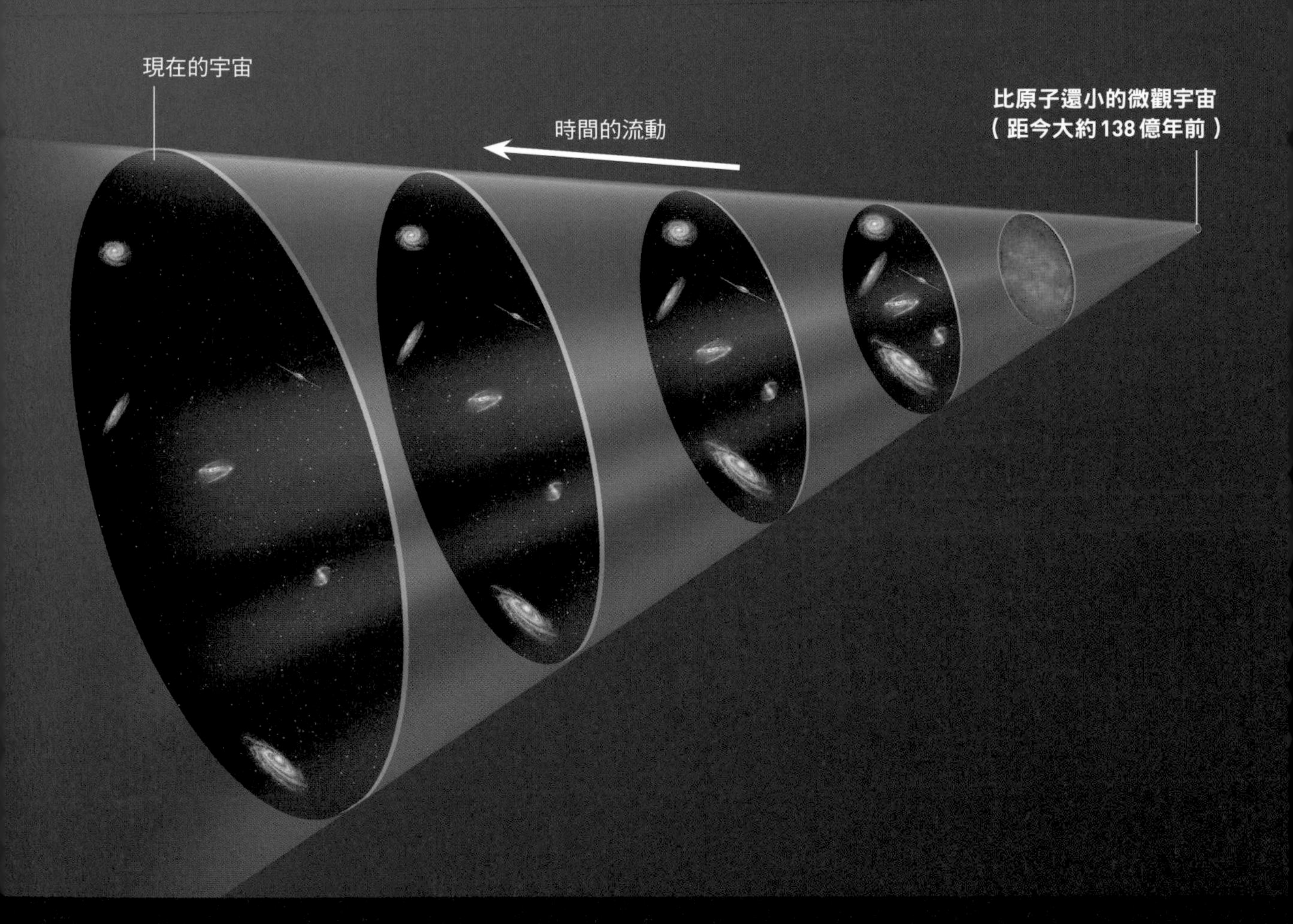

「無」，是指不僅沒有物質，甚至連時空都不存在的狀態。

根據量子論，無並非始終保持著完全的無。也就是說，會在「無」的狀態和「有」的狀態之間變動。所謂的「有」的狀態，是指具有空間的微觀宇宙（**2**）。從無誕生的微觀宇宙，可能由於某種原因而發生急速的膨脹，成長為我們現今的宇宙。

雖然以上所述還僅在假說的階段，但是與宇宙之始相關的描述已經能夠用科學性語言來表達了。

2 宇宙從無中誕生的想像圖

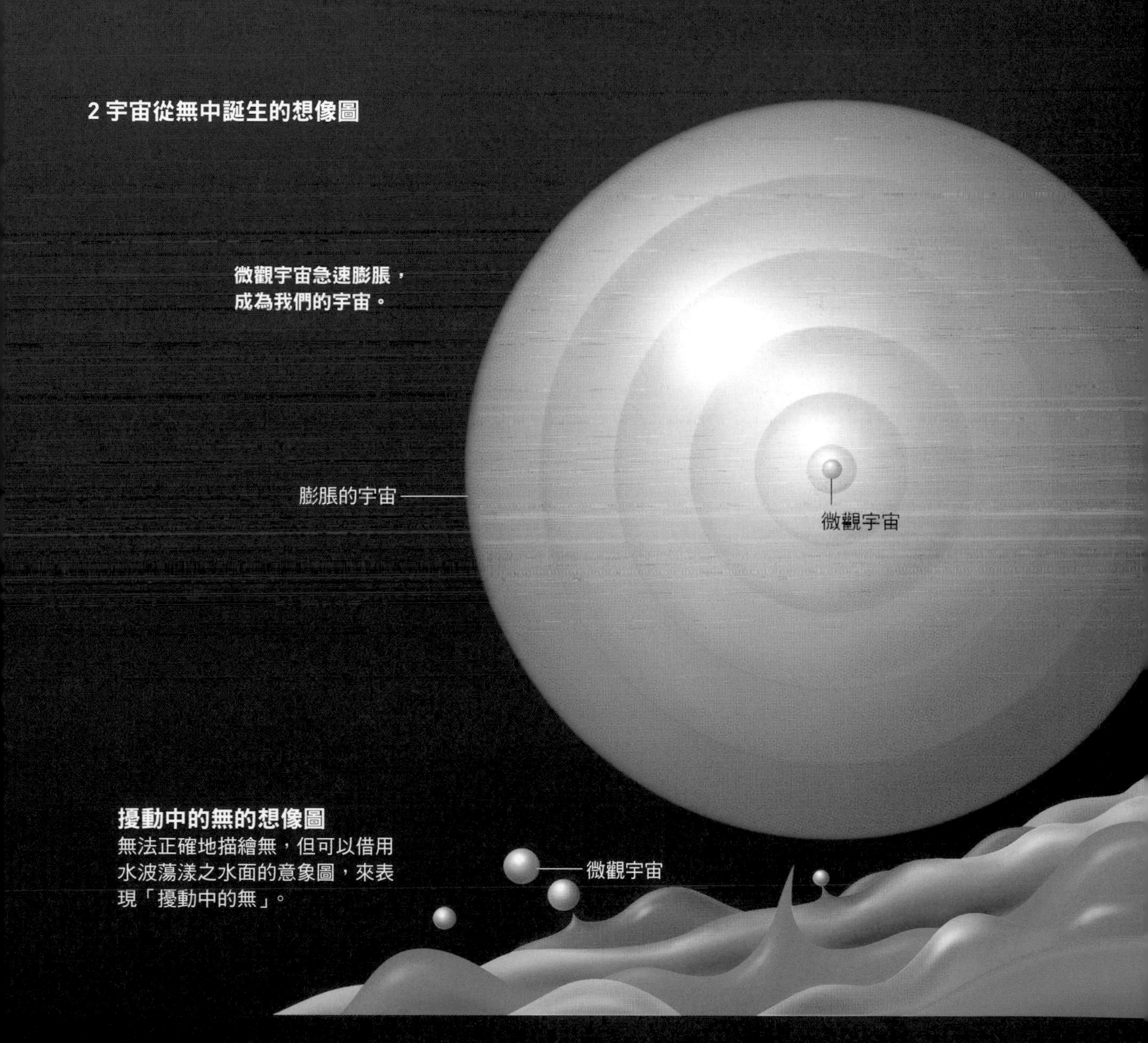

擾動中的無的想像圖
無法正確地描繪無，但可以借用水波蕩漾之水面的意象圖，來表現「擾動中的無」。

量子論尚無法處理重力

傳遞重力的基本粒子是「封閉的弦」？

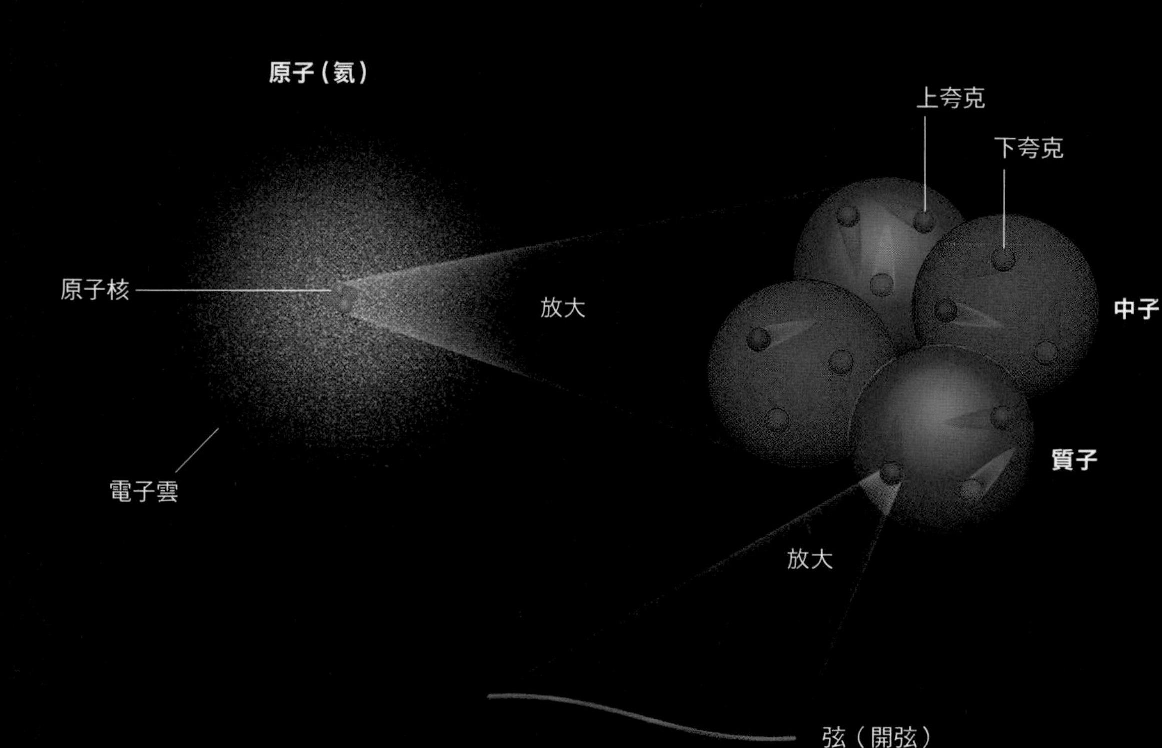

被認為再也無法分割的自然界最小單位就稱為「基本粒子」。舉例來說，構成原子核之質子和中子的「上夸克」、「下夸克」，以及在原子核周圍的「電子」等都是基本粒子。超弦理論就是認為這些基本粒子皆是弦的理論。

量子論可以說是所有物理學的理論基石，不過還是有例外的，這就是「重力」（萬有引力）。重力必須藉由愛因斯坦所提出的「廣義相對論」來理解。

若量子論的想法適用的話，那麼重力可以想成是利用基本粒子「重力子」（graviton）來傳遞的。物理學家經過數十年的努力，企圖構築出使用重力子來說明重力的「量子重力論」（quantum gravity theory），但是目前理論仍尚未完成。

量子重力論最有力的候選理論就是尚未完成的「超弦理論」（1）。超弦理論認為重力子的真實身分就是像橡皮筋般的「閉弦（closed string）」（2）。科學家期待一旦量子重力論完成，也許能夠解開宇宙誕生等各式各樣的「終極之謎」。

2 傳遞重力的基本粒子是封閉的弦？

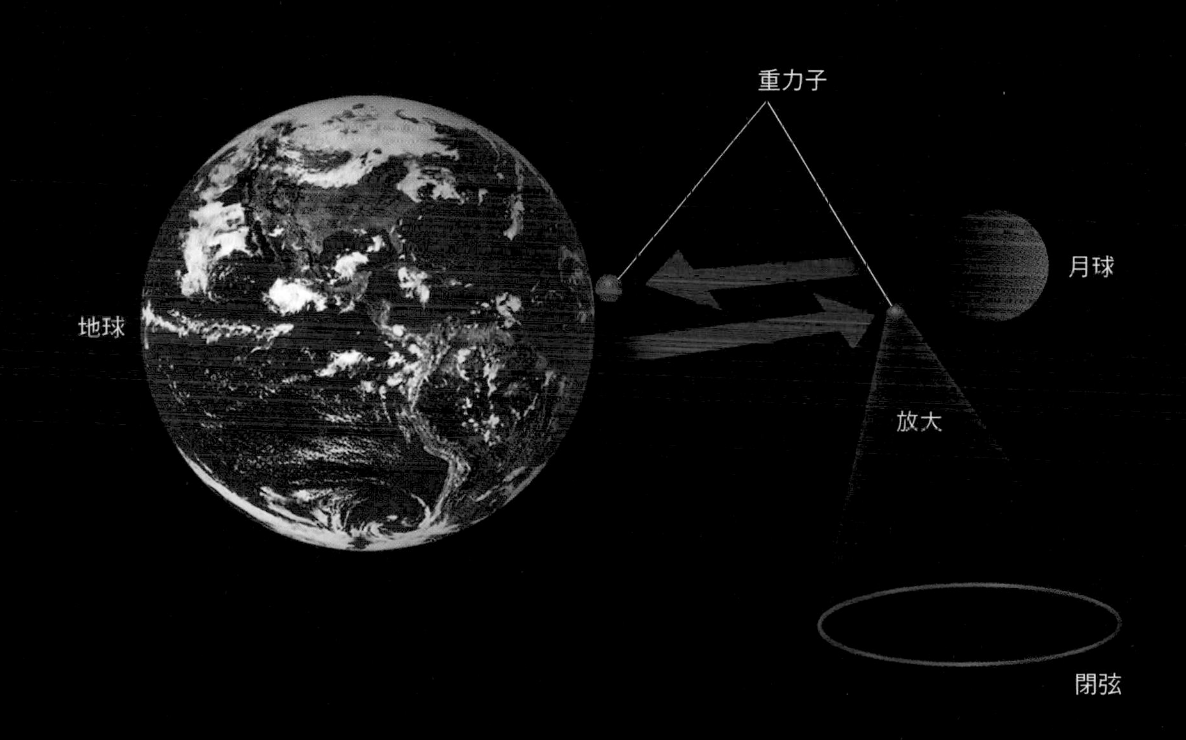

超弦理論（量子重力論的有力候選理論）認為兩物體間因為互相傳遞和接收「重力子」這種基本粒子，彼此才會有重力的作用。超弦理論認為重力子的真正面目是弦的兩端相連，像橡皮筋般的「閉弦」。

量子論的未來

可望實現的「量子電腦」

「量子位元」產生飛躍性的運算速度

近年來，以「量子電腦」(quantum-computer）為代表的量子資訊科學的進展也受到相當的矚目。

所謂量子電腦就是應用量子論之原理的未來電腦，目前尚在基礎研究的階段。現在超級電腦需要耗費數億年的運算，使用量子電腦也許可以在瞬間就完成。雖然現在的電腦也可以說是量子論貢獻下的產物，不過量子電腦連資訊最小單位也是「量子論

1 一般電腦的資訊最小單位（位元）

一般電腦的資訊最小單位（位元）是以「0」或「1」來表示。

或是

的」，這點跟既有的電腦有很大的差別（1、2）。

量子電腦之資訊最小單位是由原子、電子、光等來擔綱，該資訊最小單位稱為「量子位元」（quantum bit）。實際上量子電腦的原理非常複雜，不過簡單來說，就是讓大量的量子位元「分身」（處於疊合狀態），「同時進行」大量的運算，而這樣的機制產生飛躍性的運算速度。

2 量子電腦的資訊最小單位（量子位元）

量子電腦的資訊最小單位（量子位元）可使用電子的方向（自旋）等來取「0」和「1」的中間狀態（疊合狀態）。此一特點與量子電腦驚人的運算能力息息相關。

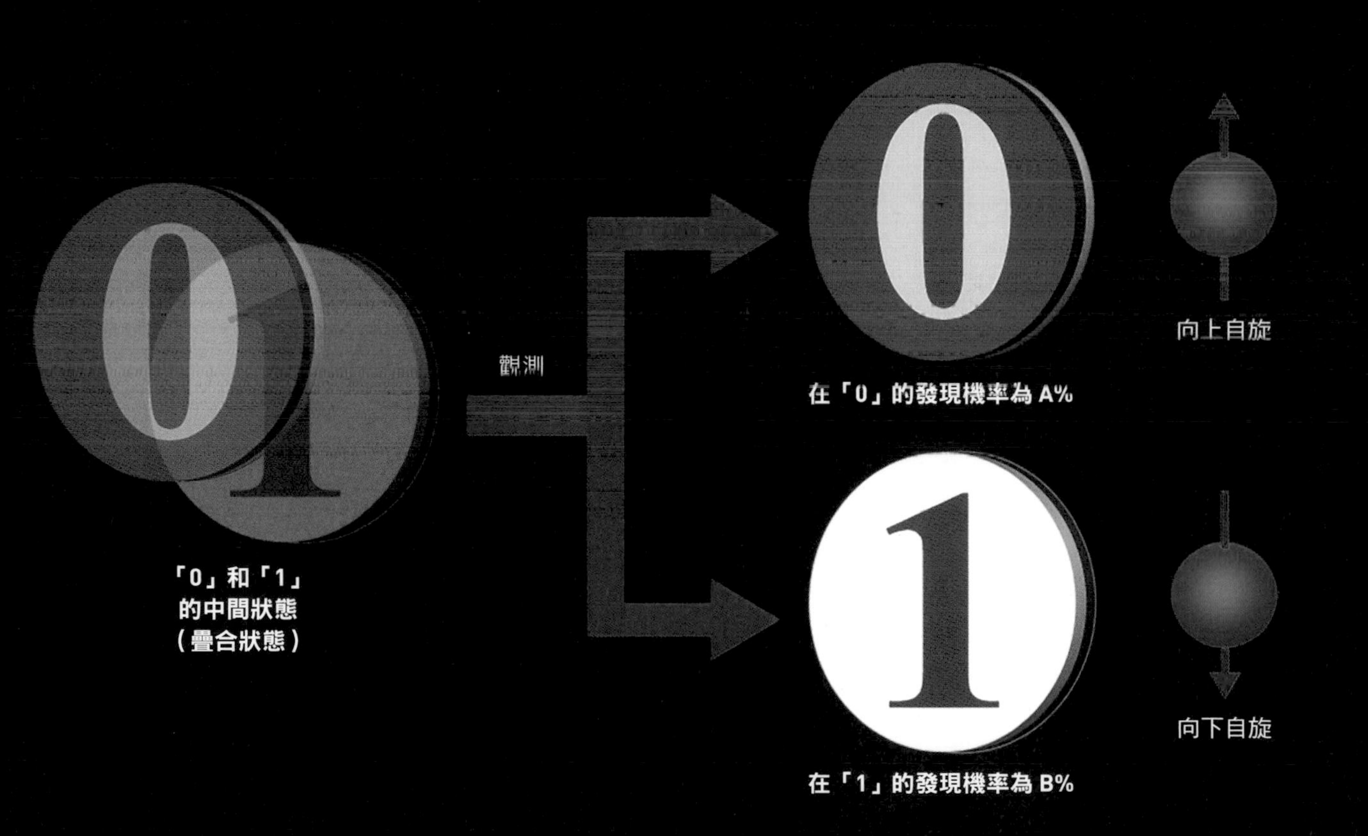

量子論的介紹就此告一段落，各位是否覺得相當有趣且不可思議呢？

我們生活在巨觀世界中。在日常生活裡，波和粒子完全是不同的兩種概念，更不會出現一旦測定球的速度，就不知道球的位置這種難以想像的現象。

因此，在直觀上我們對於量子論所展示的微觀世界的性質很難毫無懷疑的就接受。

不過，這也是無可奈何的事。有關量子論詮釋的論爭，連一些知名的物理學家都大傷腦筋呢！即使到了今天，仍然未有結論。但是，這並不妨礙量子論成為有用的「工具」，是支撐現代物理學、現代社會的重要基石。

【 少年伽利略 12 】

量子論
從13歲開始學量子論

作者／日本Newton Press
執行副總編輯／賴貞秀
編輯顧問／吳家恆
翻譯／賴貞秀
商標設計／吉松薛爾
發行人／周元白
出版者／人人出版股份有限公司
地址／231028 新北市新店區寶橋路235巷6弄6號7樓
電話／（02）2918-3366（代表號）
傳真／（02）2914-0000
網址／www.jjp.com.tw
郵政劃撥帳號／16402311 人人出版股份有限公司
製版印刷／長城製版印刷股份有限公司
電話／（02）2918-3366（代表號）
經銷商／聯合發行股份有限公司
電話／（02）2917-8022
第一版第一刷／2021年10月
定價／新台幣250元
　　　港幣83元

國家圖書館出版品預行編目（CIP）資料

量子論：從13歲開始學量子論
日本Newton Press作；
賴貞秀翻譯. -- 第一版. --
新北市：人人, 2021.10
面；公分. —（少年伽利略；12）
ISBN 978-986-461-263-5（平裝）
1.量子力學 2.通俗作品

331.3　　110015339

Staff

Editorial Management　木村直之
Design Format　米倉英弘＋川口 匠（細山田デザイン事務所）
Editorial Staff　中村真哉，谷合 稔

Illustration

表紙	Newton Press
2～3	Newton Press・協力（株）東京ドーム
4～67	Newton Press
12	山本 匠（ヤング）
24	山本 匠（アインシュタイン，ド・ブロイ）
26	山本 匠（ボーア）
32	山本 匠（アインシュタイン）
45	山本 匠（アインシュタイン，ボーア）
53	山本 匠（ハイゼンベルク）
68	吉原成行
69	大島 篤
70～77	Newton Press
71	山本 匠（ラプラス）